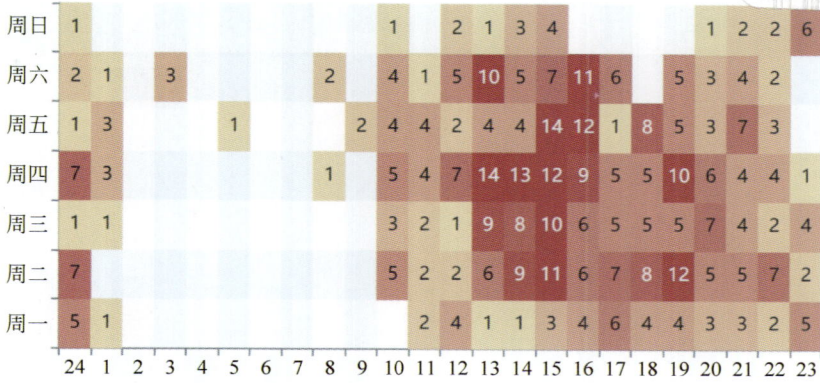

图 6-6　颜色映射法示例

61.1 GB 可用，共 300 GB　　　54.0 GB 可用，共 628 GB

图 6-8　计算机磁盘空间占用情况图标示例

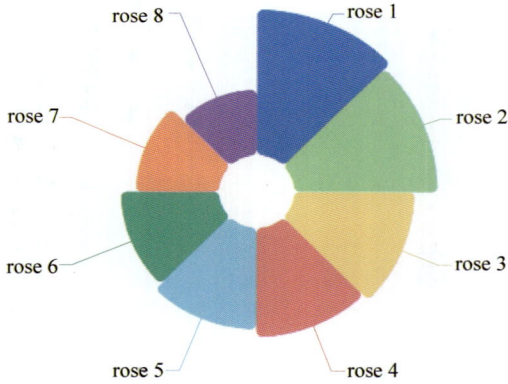

图 6-11　南丁格尔玫瑰图示例

图 6-18　初步生成的堆积柱形图

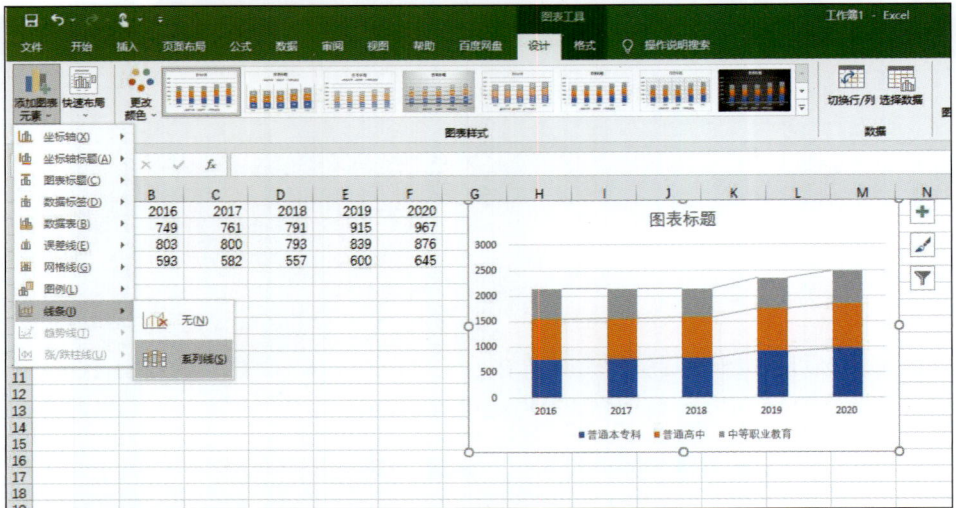

图 6-19　添加系列线

图 6-20　添加坐标轴标题、图例等元素

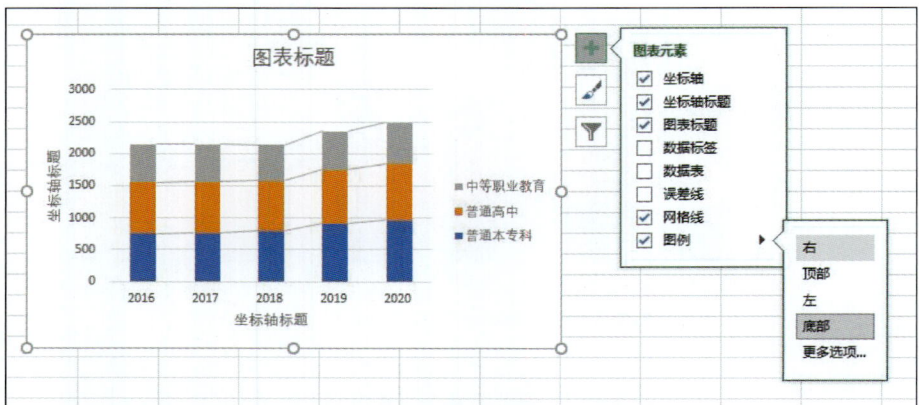

图 6-21　修改图例的位置

图 6-22　最终的可视化结果

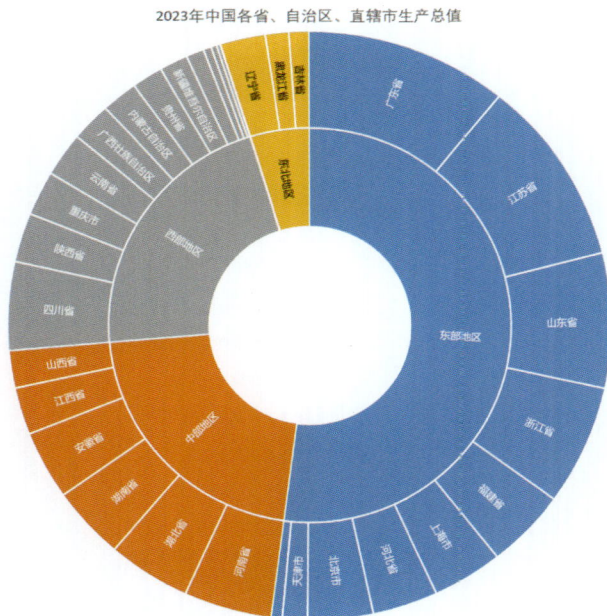

图 6-30　初步生成的旭日图

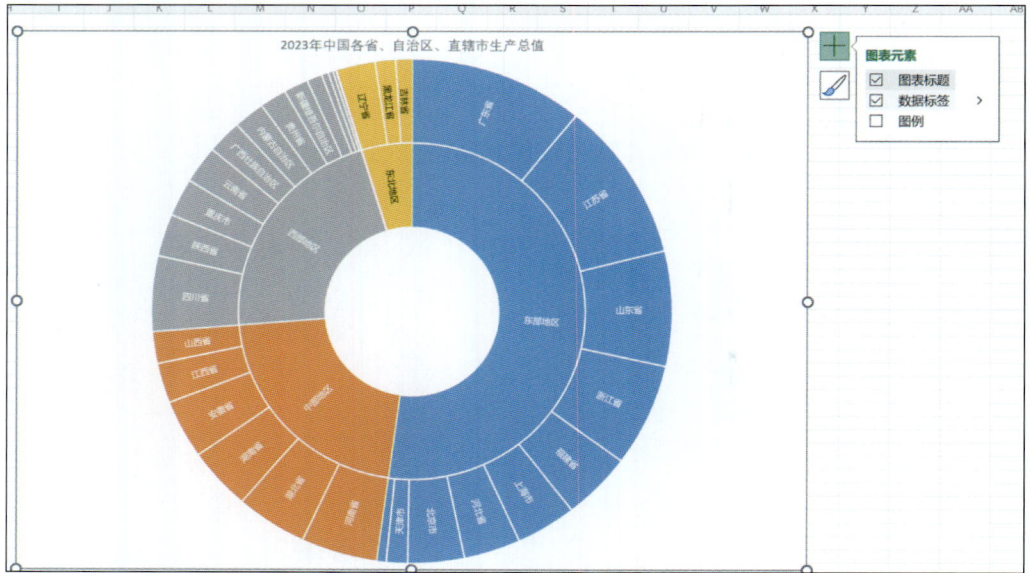

图 6-31　插入数据

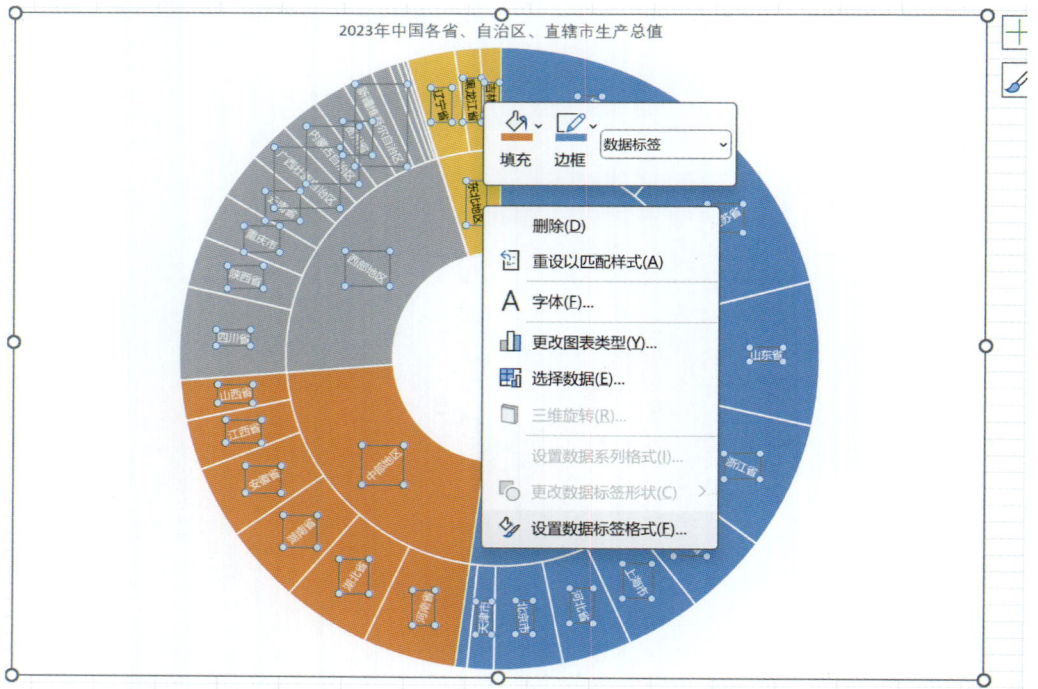

图 6-32　选择设置数据标签格式

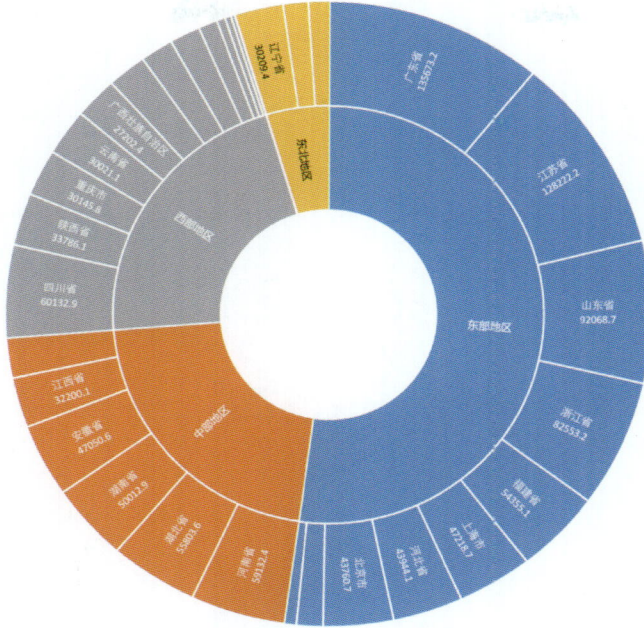

图 6-34　最终生成的旭日图

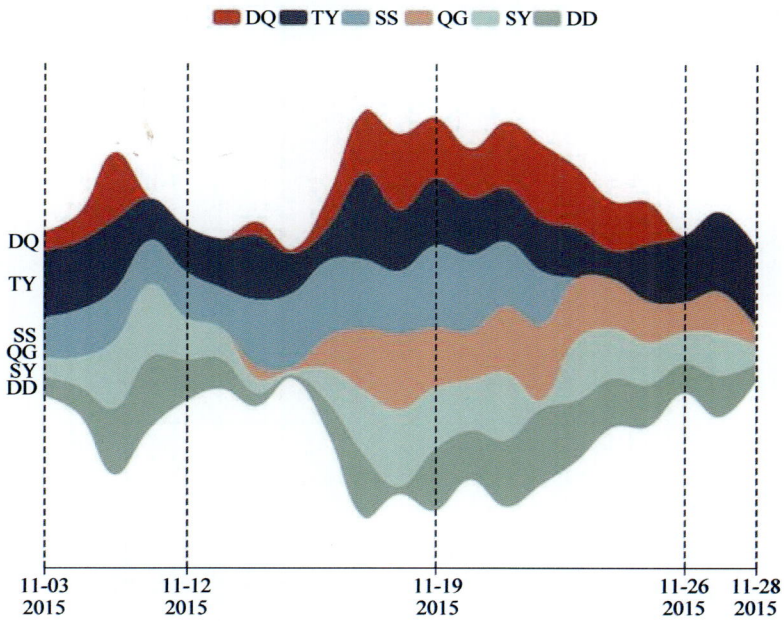

图 6-44　主题河流示例

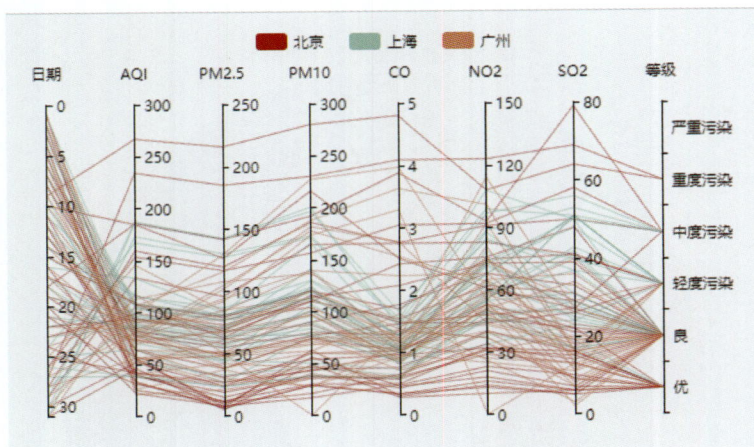

图 6-48 平行坐标示例

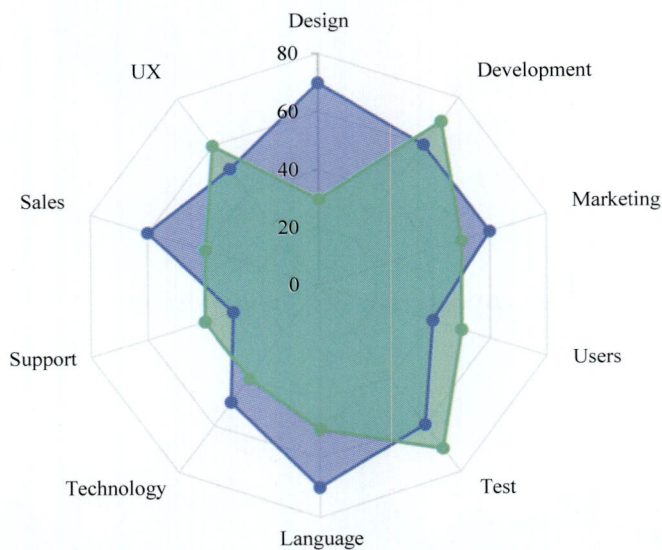

图 6-49 星形图示例

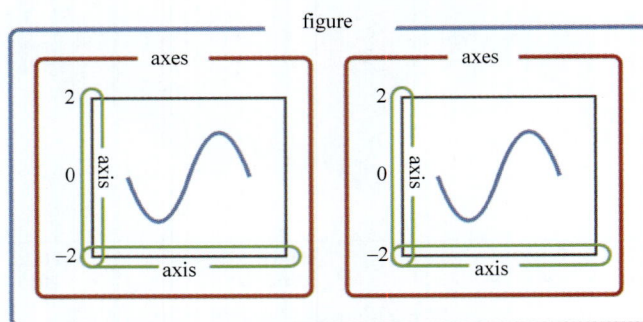

图 7-2 figure 对象、axes 对象、axis 对象之间的关系

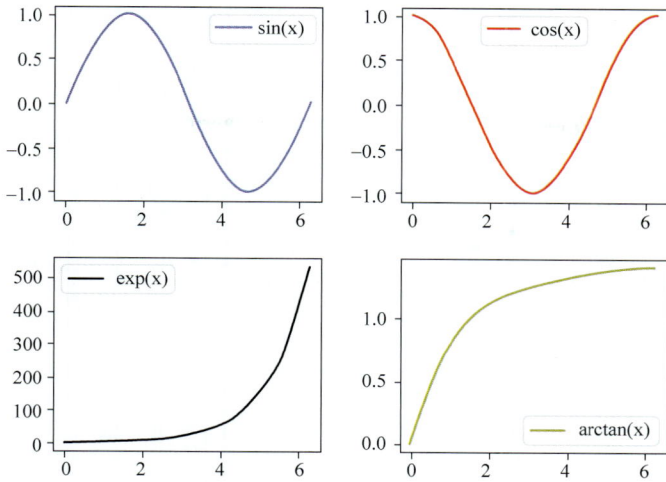

图 7-5　在画布中绘制多个子图

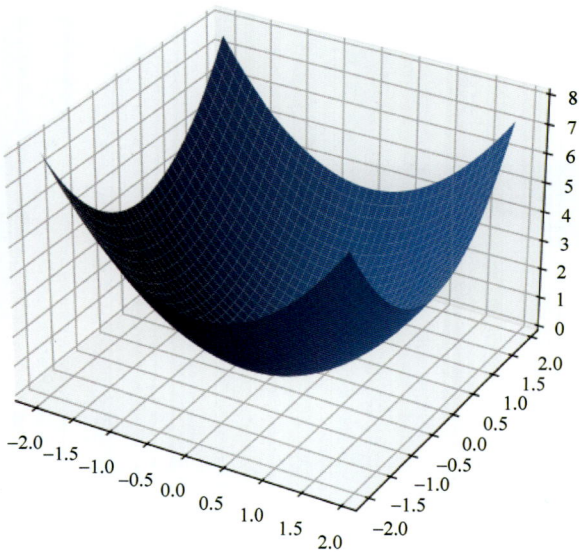

图 7-6　$Z = X^2 + Y^2$ 函数曲线的三维绘图

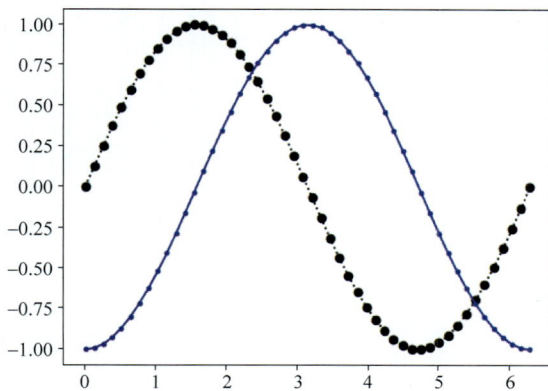

图 7-7　使用参数定制样式

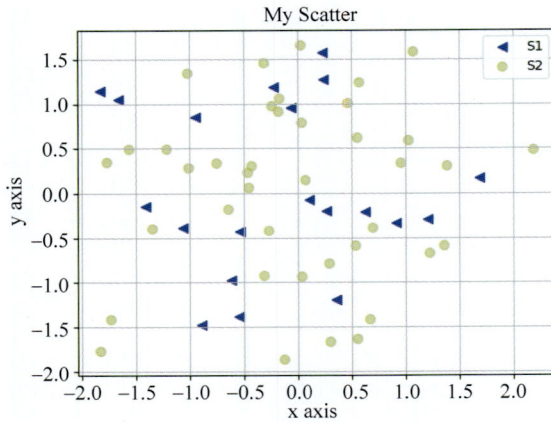

图 7-8　为散点图添加标签与名称的效果

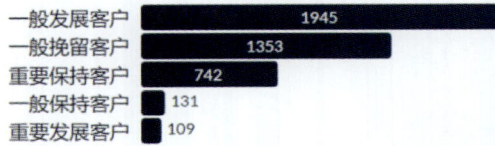

(a) 用户类别的分布

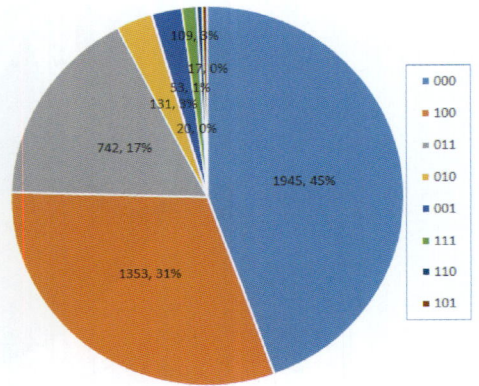

(b) 用户类别的百分占比

图 8-3　对用户类型分类结果的可视化

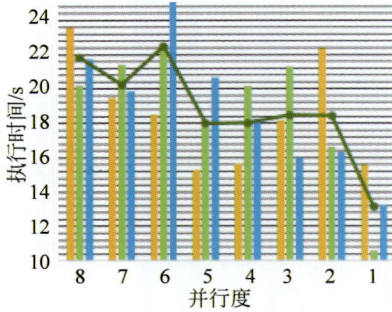

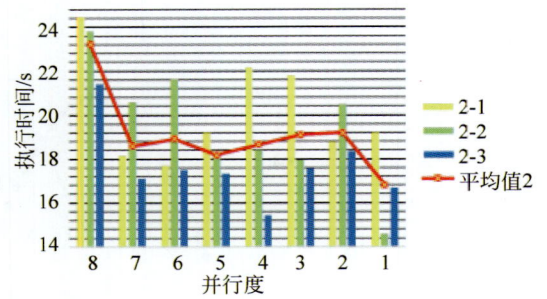

图 10-7　查询实验结果

大数据与人工智能技术丛书

Python
数据采集、预处理与可视化

吕云翔　姚泽良　主　编

宗坚　杨壮　韩延刚　副主编

仇善召　朱英豪　张扬　参　编

清华大学出版社

北京

内 容 简 介

本书共 5 部分。第 1 部分(第 1 章)为基础理论,概述大数据的基本概念、特征、发展历史、生态系统及实际应用。第 2 部分(第 2、3 章)为数据采集,详细介绍数据采集的基本概念、特征、方法和技术,并重点讲解如何使用 Python 进行网络数据采集。第 3 部分(第 4、5 章)为数据预处理,深入探讨数据清理、数据集成、数据归约、数据转换等理论和技术,以及如何使用 NumPy 和 Pandas 这两个强大的 Python 库来进行数据预处理。第 4 部分(第 6、7 章)为数据可视化,讲解数据可视化的发展历史、分类和应用,并展示如何使用 Matplotlib 等 Python 库来绘制各种类型的图表。第 5 部分(第 8～10 章)为案例,展示使用 Python 进行数据采集、预处理与可视化的全过程。

本书既可以作为高等院校计算机及相关专业的教材,也可以作为软件从业人员、计算机爱好者的学习指导用书。

图书在版编目(CIP)数据

Python 数据采集、预处理与可视化 / 吕云翔,姚泽良主编. -- 北京:清华大学出版社,2025.6.
(大数据与人工智能技术丛书). -- ISBN 978-7-302-69542-4

Ⅰ. TP312.8

中国国家版本馆 CIP 数据核字第 2025WM5385 号

责任编辑:安　妮
封面设计:刘　键
责任校对:韩天竹
责任印制:刘　菲

出版发行:清华大学出版社
　　　　　网　　址:https://www.tup.com.cn,https://www.wqxuetang.com
　　　　　地　　址:北京清华大学学研大厦 A 座　　　邮　　编:100084
　　　　　社 总 机:010-83470000　　　　　　　　　邮　　购:010-62786544
　　　　　投稿与读者服务:010-62776969,c-service@tup.tsinghua.edu.cn
　　　　　质量反馈:010-62772015,zhiliang@tup.tsinghua.edu.cn
　　　　　课件下载:https://www.tup.com.cn,010-83470236
印 装 者:三河市人民印务有限公司
经　　销:全国新华书店
开　　本:185mm×260mm　　印　　张:12.5　　彩　插:4　　字　　数:308 千字
版　　次:2025 年 7 月第 1 版　　　　　　　　　　　　印　　次:2025 年 7 月第 1 次印刷
印　　数:1～1500
定　　价:49.00 元

产品编号:109349-01

前　言

　　如今，大数据已成为推动社会进步与产业升级的重要力量。从商业智能到科学研究，从城市管理到个人生活，大数据的应用无处不在，深刻改变着世界。然而，大数据需要经过精心的采集、预处理与可视化，才能转化为有价值的信息和知识。

　　本书基于这一背景，通过深入浅出的讲解和丰富的案例演示，帮助读者理解大数据的基本概念、生态系统和实际应用，数据采集、预处理与可视化的各个环节，以及如何使用 Python 编程语言来实现这些过程。

　　本书共 5 部分。在基础理论部分，将带领读者走进大数据的世界，了解大数据的基本概念、特征、发展历史、生态系统及实际应用；在数据采集部分，将详细介绍数据采集的基本概念、特征、方法和技术，并重点讲解如何使用 Python 进行网络数据采集，包括网络爬虫基础及 Scrapy 框架和 Selenium 库的应用；在数据预处理部分，将深入探讨数据清理、数据集成、数据归约、数据转换等关键技术，并介绍如何使用 NumPy 和 Pandas 这两个强大的 Python 库来进行数据预处理；在数据可视化部分，将讲解数据可视化的发展历史、分类和应用，并展示如何使用 Matplotlib 等 Python 库来绘制各种类型的图表，从而直观展示数据的内在规律和趋势；在案例部分，将展示使用 Python 进行数据采集、预处理与可视化的全过程。通过阅读本书，读者将能够掌握数据处理与分析的核心技能，提升数据素养和数据分析能力，为未来的职业发展打下坚实的基础。

　　本书的作者为吕云翔、姚泽良、宗坚、杨壮、韩延刚、仇善召、朱英豪、张扬，此外，曾洪立参与了部分内容的编写并进行了素材整理及配套资源制作等。

　　由于作者水平和能力有限，本书难免有疏漏之处。恳请各位同仁和广大读者给予批评指正，也希望各位读者将实践过程中的经验和心得与我们交流。

作　者
2025 年 5 月

目　录

第 1 部分　基础理论

第 2 部分　数据采集

第 4 部分　数据可视化

第 5 部分　应用案例

第1部分　基础理论

第 1 章

大数据概述

本章将介绍大数据的基本概念、特征、发展历史、生态系统、应用领域及面临的挑战。

学习目标

本章的学习目标如下。

(1) 理解大数据的基本概念与特征。

(2) 了解大数据的发展历史。

(3) 了解 Hadoop 与 Spark 的用途及关键组件。

(4) 了解大数据的应用领域与面临的挑战。

1.1 大数据基础

1.1.1 大数据的基本概念

大数据是信息技术领域中的一个关键概念,它指的是由于互联网的迅猛发展和信息化进程的加速,数据规模急剧增长,数据种类多样且生成处理速度极快,以至于传统的数据库管理工具和处理软件已无法有效捕捉、管理和处理的数据集合。

随着互联网应用的普及,人们在日常生活中产生了大量数据。这些数据的来源包括社交媒体、移动应用、传感器、日志文件、在线交易等。这些数据不仅海量,类型也非常多样化,包括结构化数据(如传统数据库中的表格数据)、半结构化数据(如 XML、JSON 格式的数据)及非结构化数据(如文本、图像、音频、视频等)。

许多情况下,数据需要实时或近实时处理和分析,以便迅速作出反应并从中获得价值。传统的关系数据库管理系统(Relational Database Management System,RDBMS)和数据处理工具往往无法满足这种需求,因为它们的架构和设计并没有为大规模、高速度和多样性数据进行优化。

因此,大数据的概念不仅关乎数据量的增加,还关乎如何有效地管理、分析和利用这些数据来获取商业价值、科学发现或者改善公共服务。为了应对这一挑战,产生了许多新的技术和工具,如分布式存储系统(如 HDFS)、分布式计算框架(如 MapReduce)、实时数据处理技术(如 Apache Kafka),以及各种数据挖掘和机器学习算法。

随着信息技术的不断发展和应用场景的扩展,大数据已经成为许多行业和组织的关键资源和竞争资本。有效地管理和利用大数据,将会对企业决策、科学研究、公共政策制定等产生深远的影响。

1.1.2　大数据的 5V 特征

大数据的 5V 特征指数据的以下 5 个关键特点。

(1) Volume(数据量):大数据的数据体量巨大,通常传统的数据处理工具无法处理如此庞大的数据集,这些数据可以来自传感器、社交媒体、在线交易等。

(2) Velocity(数据速度):大数据的产生速度非常快,数据以高速率生成、收集和传输。例如,互联网交易数据、传感器数据等都以非常快的速度产生。

(3) Variety(数据多样性):大数据具有多样的数据类型和来源,包括结构化数据(如传统数据库中的表格数据)、半结构化数据(如 XML、JSON 格式的数据)和非结构化数据(如文本、图像、音频、视频等)。

(4) Veracity(数据真实性):大数据通常包含从不同来源收集的数据,需要确保数据的真实性、准确性和可信度。

(5) Value(数据价值):大数据分析的目标是从海量数据中提取有价值的信息,以支持决策制定、预测分析、趋势发现等。价值取决于如何有效地分析和利用这些数据来帮助组织做出更好的决策和行动。

1.1.3　大数据的发展历程

以下是大数据的发展历程。

(1) 数据爆炸的起源。互联网的普及和数字化技术的发展导致了数据量的急剧增加。20 世纪 90 年代末开始,随着互联网的快速发展,数据产生的速度大大加快,数据存储的需求也大大增加。

(2) 技术基础的奠定。开源技术的发展(如 Hadoop 的诞生)为处理大规模数据提供了新的解决方案。Hadoop 受 Google 发表的论文"MapReduce: Simplified Data Processing on Large Clusters"启发,支持分布式存储和 Map Reduce 分布式计算,成为大数据处理的基础。

(3) 商业应用的兴起。21 世纪初,随着企业对数据分析需求的增加,大数据开始在商业和科学领域广泛应用。企业意识到从海量数据中发现价值的重要性。

(4) 生态系统的丰富。随着时间的推移,大数据生态系统变得更加丰富和多样化,涌现出各种工具和平台,如 Spark、NoSQL 数据库、数据湖等,以应对不同类型和规模的数据处理需求。

(5) 与机器学习、人工智能的融合。大数据与机器学习、人工智能的融合推动了数据驱动决策和智能应用的发展。通过大数据分析,企业能够更好地预测趋势、优化运营、提升用户体验等。

(6) 数据隐私和伦理问题的挑战。随着大数据应用的扩展,数据隐私和伦理问题日益受到关注。保护个人数据隐私成为政府和企业亟须解决的问题。

（7）与边缘计算、物联网的整合。随着边缘计算技术的发展和物联网设备的普及,大数据处理开始从中心化向边缘化发展,以支持更快速的实时决策和响应能力。

总之,大数据的发展历程不仅是技术的进步,更是数据管理、分析和应用模式的革新,深刻影响了商业、科学研究和社会各个层面的运作方式。

1.2 大数据生态系统

本节将介绍两个常见的大数据生态系统:Hadoop 和 Spark。

1.2.1 Hadoop

Hadoop 是一个开源的分布式存储和计算系统,主要用于处理大规模数据。它由 Apache 软件基金会开发,旨在能够在廉价的硬件上运行,并能够处理上百太字节(TB)甚至拍字节(PB)级别的数据。

Hadoop 有以下 3 个核心组件。

（1）Hadoop Distributed File System（HDFS）,即分布式文件系统,用于存储数据。它将大数据集分割成小块,并在集群中的多个节点上存储这些块,以提供高可靠性和高可扩展性。

（2）MapReduce。它是分布式计算框架,用于在 Hadoop 集群上并行处理大数据集。MapReduce 通过将数据分割成小块,然后在各个节点上并行执行映射（map）和归约（reduce）操作来实现高效的数据处理。

（3）YARN。它是资源管理器,负责集群资源的管理和作业调度。它的引入为集群在利用率提升、资源统一管理和数据共享等方面带来了巨大好处。

Hadoop 有以下 4 个优点。

（1）高可靠性。Hadoop 通过数据复制和自动故障恢复提供高可靠性。

（2）高扩展性。Hadoop 能够处理从几台到数千台服务器的集群规模。

（3）成本效益。Hadoop 利用廉价的标准硬件构建集群,降低了成本。

（4）灵活性。Hadoop 支持多种数据处理模式,如批处理、交互式查询、实时处理等。

Hadoop 已经成为处理大数据的标准工具之一。从 2008 年开始,Hadoop 作为 Apache 顶级项目存在。它与其众多子项目广泛应用于阿里巴巴、腾讯等大型网络服务企业,并被 IBM、Intel、Microsoft 等平台公司列为支持对象。

1.2.2 Spark

Spark 最初由加州大学伯克利分校 AMPLab 开发,是专为大规模数据处理而设计的分布式开源处理系统。它在内存中缓存和优化查询,可针对任何规模的数据进行快速查询和分析。它提供了可以使用 Java、Scala、Python 和 R 语言开发的 API,支持跨多个工作负载重用代码、批处理、交互式查询、实时分析、机器学习和图形处理等功能。Spark 有以下 8 个核心组件。

（1）Spark Core：提供了任务调度、内存管理和错误恢复功能，是所有 Spark 组件的基础。

（2）Spark SQL：用于结构化数据处理的模块，支持 SQL 查询和数据框操作。

（3）Spark Streaming：用于实时数据流处理的模块，支持高吞吐量和容错性。

（4）MLlib（Machine Learning Library）：提供了常见的机器学习算法和工具，可以在大数据上进行分布式训练和预测。

（5）GraphX：用于图计算的库，支持图的创建、操作和算法运行。

（6）SparkR：R 语言接口，允许在 Spark 上进行数据处理和分析。

（7）Spark ML：提供了更高层次的机器学习 API，使得在 Spark 上执行机器学习任务更加简单和高效。

（8）Spark Structured Streaming：结构化流处理，提供了更高层次、更易用的 API，用于实时流数据处理。

Spark 可以进行高效的内存计算，提供易用的 API，具有广泛的适用性和强大的扩展性，是处理大规模数据的首选工具之一。

1.3 大数据的实际应用

1.3.1 大数据的应用领域

大数据的应用非常广泛，以下是一些主要的应用领域及具体例子。

（1）零售与市场营销。通过分析顾客的购买历史和行为数据，可以实现个性化推荐与营销，如亚马逊和 Netflix 的推荐系统。此外还可以利用历史销售数据和市场趋势数据来优化库存管理和补货策略。

（2）金融服务。通过分析大量的交易数据和市场数据，可以实时识别和应对金融风险，如信用评分和反欺诈系统。利用快速处理大数据的能力可以进行算法交易，很多高频交易公司的市场分析和交易决策都依赖大数据。

（3）医疗与生命科学。结合基因组学数据和患者健康数据，可以为个体提供定制的治疗方案，如癌症基因组学研究。通过分析病例报告和公共健康数据，可以识别疾病暴发趋势，进行更早的预警与控制。

（4）制造业。利用传感器和机器数据，可以实现生产过程的实时监控和优化，如工厂的物联网设备。还可以通过分析生产线上的大量数据来检测和预测产品质量问题，提前进行调整和优化。

（5）交通与物流。利用移动设备和交通数据，可以分析优化城市交通流量和进行路况预测，如高德地图和城市交通管理系统。

大数据在各个领域中都发挥着不可替代的作用，通过数据的深度分析和应用，可以提升效率、优化决策、推动创新。

1.3.2 大数据面临的挑战

大数据在实际应用与技术发展过程中面临以下挑战。

（1）企业的业务部门没有清晰的大数据需求。企业的业务部门很难明确表达他们需要从大数据中获取的信息，导致数据收集和分析可能不符合实际业务需求，浪费资源。

（2）企业内部数据孤岛严重。不同部门或业务单位的数据被分隔存储在独立的系统或数据库中，导致难以整合和共享数据，阻碍了使用大数据技术进行全面洞察和综合分析。

（3）数据可用性低，质量差。数据可能存在不完整、不准确、过时或重复等问题，降低了可信度和有效性，影响决策的准确性和效果。

（4）缺乏数据相关管理技术和架构。缺乏有效的数据管理技术和整合架构，使得数据采集、存储、处理、分析和保护等环节难以协调和优化，限制了数据资产的最大化利用。

（5）大数据平台存在数据安全问题。大数据平台面临来自内部和外部的安全威胁，包括数据泄露、未经授权的访问、恶意攻击等，需要强化数据安全管理和防护措施。

（6）缺乏大数据人才。缺乏具备大数据分析、数据科学和技术架构等专业知识和技能的人才，限制了组织在大数据战略实施中的能力和效率。

（7）大数据技术应用过程中数据开放与隐私的权衡。在数据共享和开放的需求与保护用户隐私和数据安全之间需要进行平衡，特别是在法规和行业标准不断变化的情况下。

这些挑战共同影响了大数据应用的效率和成功率，需要综合的策略和技术解决方案来应对。

思考与练习

选择题

1. 以下不是非结构化数据的是（　　　）。
   A. 视频
   B. 数据库表格中存储的数据
   C. 音频
   D. 文本

2. 最能够改善大数据质量的技术是（　　　）。
   A. 人工智能和机器学习算法识别纠错
   B. 增加数据收集的速度和频率
   C. 更换所有数据存储设备
   D. 实施实时数据处理和分析

3. Spark 的（　　　）组件提供了常见的机器学习算法和工具，可以在大数据上进行分布式训练和预测。
   A. Spark SQL
   B. Spark Streaming
   C. Spark Core
   D. MLlib

4. Spark 的（　　　）组件专门用于处理实时数据流。
   A. Spark Core
   B. Spark SQL
   C. Spark Streaming
   D. GraphX

5. 以下描述正确的是（　　　）。

A. Velocity 指数据在处理过程中的处理速度

B. Value 取决于如何有效地分析和利用数据来帮助组织做出更好的决策和行动

C. Veracity 指数据的时效性

D. Volume 指数据的存储位置

判断题

1. Veracity 特征指数据的真实性和准确性。　　　　　　　　　　　　（　　）

2. 数据安全在大数据应用中不是一个问题。　　　　　　　　　　　　（　　）

3. Spark SQL 用于非结构化数据处理和分析。　　　　　　　　　　　（　　）

4. Spark Core 是所有 Spark 组件的基础，提供任务调度和内存管理。（　　）

5. 关系数据库管理系统和数据处理工具难以满足大数据的实时处理需求。（　　）

简答题

1. 虽然大数据已经广泛应用，但是仍面对不少挑战，举例说明。

2. 举例说明大数据的应用领域。

3. 介绍 Hadoop 的核心组件与优点。

4. 大数据的 5V 特征指 Volume、Velocity、Variety、Veracity、Value，分别解释含义。

5. 简述大数据的发展历程？

章节实训：大数据软件生态探索

实训目标

本章介绍了 Hadoop 与 Spark 两个与大数据有关的工具，通过使用搜索引擎，分析这两种工具如何解决大数据面临的挑战。

实训思路

1. 访问 Hadoop 的官方网站，了解 Hadoop 的更多内容。

2. 访问 Spark 的官方网站，了解 Spark 的更多内容。

3. 访问其他资源社区，进一步理解大数据的发展历程，以及 Hadoop 与 Spark 出现的背景。

第2部分　数据采集

第 **2** 章

数据采集基础

当谈及数据时,不可避免地会涉及数据采集这一重要环节。在当今信息爆炸的时代,数据被认为是最有价值的资源之一,数据采集则是获取和利用这些资源的第一步,直接影响着后续数据分析和决策的结果。无论是企业、科研机构还是个人用户,都需要通过数据采集来获取各类数据,以支持他们的业务运营、科研探索或个人生活。因此,深入理解数据采集的原理、方法和工具,对于提高数据质量、提升工作效率和推动创新发展都具有重要意义。

学习目标

本章的学习目标如下。

(1)理解数据采集的基本概念和特征。

(2)掌握数据采集的方法,包括数据库采集、系统日志采集、网络数据采集、传感器采集和众包采集。

(3)了解数据采集的技术,包括网络爬虫技术和数据抽取技术。

(4)熟悉一些常用的数据采集工具,能够根据需要选择合适的工具进行数据采集。

2.1 数据采集的基本概念和特征

下面介绍数据采集的基本概念和特征,帮助读者建立对数据采集的整体认识。

2.1.1 数据采集的基本概念

数据采集(Data Acquisition,DAQ),又称为数据获取,是利用工具从系统外部采集数据并输入系统内部的过程。例如,血压测量仪从人体获取脉动并输入机器内的过程就是数据采集,如图 2-1 所示,机器可以通过分析脉动来计算高压(收缩期血压)和低压(舒张期血压)。

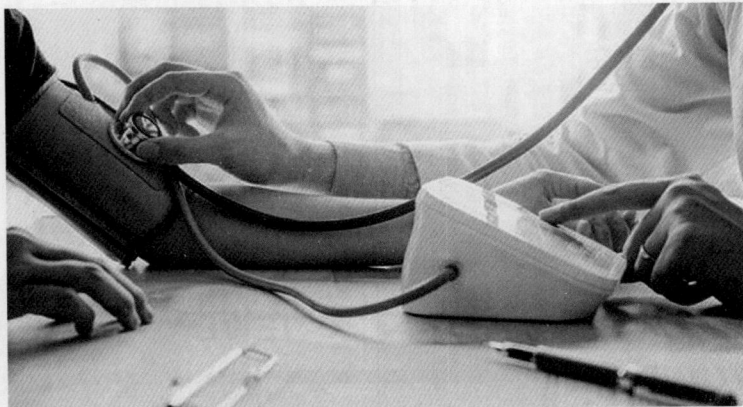

图 2-1　数据采集方式示例

　　数据采集工具在各个领域广泛应用。例如,摄像头用于视频数据采集,话筒用于声音数据采集,问卷调查用于用户反馈数据采集等。这些工具能够捕获不同形式的数据,为后续分析和应用提供基础支持。采集的数据是多种多样的,包括结构化数据、非结构化数据和半结构化数据。结构化数据指具有固定格式和结构的数据,通常以表格、数据库或者标记语言的形式存储。非结构化数据指没有固定格式和结构的数据,通常以文本、图像、音频、视频等形式存在。半结构化数据介于结构化数据和非结构化数据之间,它具有一定的结构化特征,但不严格按照表格或数据库的形式存储,XML 和 JSON 是常见的半结构化数据的表示方式。

2.1.2　数据采集的特征

　　数据采集的特征包括以下 3 点。

　　(1) 全面性。全面性意味着在数据采集的过程中需要覆盖所有相关的信息,确保没有数据的遗漏或缺失。只有数据量足够具有分析价值、数据类型足够支撑分析需求,才能够为后续的决策和分析提供充分的信息支持。例如,在市场调研中,全面性的数据采集可以帮助企业了解市场情况、竞争对手信息等,从而制定更有效的营销策略和产品规划。

　　(2) 多维性。多维性指的是在数据采集的过程中需要考虑各个方面、多个维度的数据,而不局限于单一维度的信息。数据的多维性需要能够满足分析数据的需求,以灵活、快速自定义数据分析维度,更全面地理解问题、发现规律和趋势,从而有助于做出更准确的预测和决策。例如,在医疗领域,多维性的数据采集包括患者的生理指标、病史、用药情况等信息,这有助于医生更全面地评估患者状况并制定个性化治疗方案。

　　(3) 高效性。高效性包括技术执行的高效性、团队内部成员协同的高效性及数据分析需求和目标实现的高效性。也就是说,高效性不仅是采用高效的技术手段和工具来处理数据,也是团队将数据分析需求和目标迅速转化为实际成果的能力。在现代商业环境中,高效性不仅可以加速数据处理和分析的过程,还能够为决策者提供及时、准确的信息支持,帮助他们做出明智的战略决策。因此,高效性既是数据工作的基本要求,也是企业实现竞争优势和持续发展的重要保障。例如,在金融行业,高效的数据采集可以帮助投资者及时获取市场数据、行情信息,从而做出交易决策。

2.2 数据采集的方法

数据采集的方法包括数据库采集、系统日志采集、网络数据采集、传感器采集和众包采集等。每种方法都有其适用的场景和特点,读者可以根据具体需求选择合适的方法来获取所需的数据。

2.2.1 数据库采集

数据库采集是一种常见的数据采集方法,通过访问和提取数据库中的数据来获取所需的信息。一些企业使用传统的 MySQL 等关系数据库作为存储大量结构化数据的重要工具。除此之外,Redis、MongoDB 和 HBase 等 NoSQL 数据库,即非关系数据库,也常用于数据的采集。数据库采集可以帮助用户从已有的数据库系统中快速、准确地提取数据,为后续的数据分析和决策提供支持。

然而,数据库采集也存在一些挑战,例如可能会对数据库系统造成一定的负载压力,需要谨慎处理敏感数据以确保数据安全。

2.2.2 系统日志采集

系统日志采集是收集计算机系统中产生的各种日志信息的过程。系统日志自动记录了系统中发生的各种事件和活动,包括系统启动、应用程序运行、用户登录、错误消息等。

系统日志可以分为以下 3 类。

(1) 操作日志:指系统用户使用系统过程中的一系列的操作记录。此日志有利于备查及提供相关安全审计的资料。

(2) 运行日志:用于记录网元设备或应用程序在运行过程中的状况和信息,包括异常的状态、动作、关键的事件等。

(3) 安全日志:用于记录在设备侧发生的安全事件,如登录、权限等。

系统日志采集的重要性不言而喻,它为系统管理人员提供了监控系统运行状态、排查故障、预防安全威胁等重要手段。通过系统日志采集,系统管理人员可以实时了解系统运行状况,及时发现并处理问题,提高系统的稳定性和安全性,确保系统的正常运行。同时,系统日志采集也为系统性能优化、故障分析和安全审计提供了有力支持,是保障系统运行的重要环节。

2.2.3 网络数据采集

网络数据采集指利用互联网搜索引擎技术实现针对性、行业性、精准性的数据抓取,按照一定规则和筛选标准进行数据归类,形成数据库文件的过程。网络数据采集旨在获取有用的数据用于分析、研究、商业决策等。随着互联网的普及和发展,网络数据采集在各行各业中发挥着越来越重要的作用,可以帮助用户从海量的网络数据中快速、准确地提取所需信息,为业务发展和决策提供支持。

网络数据采集的优点包括:

(1) 信息来源广泛:通过网络数据采集,可以获取互联网上丰富多样的信息和数据资源,帮助用户了解市场动态和竞争对手信息等。

(2) 数据更新及时:通过网络数据采集,能够实时监控网络信息的变化,及时获取最新数据,帮助用户作出快速反应。

(3) 数据量大:通过网络数据采集,可以获取海量数据,为深入分析和研究提供支持。

然而,网络数据采集也面临一些挑战,如网站反爬虫机制、数据质量参差不齐、法律合规等,需要谨慎对待。

2.2.4　传感器采集

传感器是一种可以感知、检测和测量特定环境条件或物理量的设备,它将环境中的各种信号转换成可识别的电信号或其他形式的输出。传感器广泛应用于工业生产、科学研究、医疗诊断、环境监测、智能家居等领域,为人们提供了丰富的信息和数据,推动了社会的发展和进步。

根据其应用领域和工作原理的不同,传感器可以分为多种类型。常见的传感器类型包括温度传感器、湿度传感器、压力传感器、光敏传感器、加速度传感器、声音传感器、化学传感器等。这些传感器涵盖了对物理量、化学量、生物量等多个方面的监测和测量,为各行各业的应用提供了丰富的选择。

随着科技的不断进步,传感器技术也在不断发展。传感器的发展趋势主要包括小型化和集成化、智能化和网络化、低功耗和长寿命、多功能化和高精度等。随着新材料、新工艺、人工智能等领域的不断突破和应用,传感器将会更加普及和多样化,为人们的生活和工作带来更多便利和可能性。

2.2.5　众包采集

众包采集是一种通过网络平台或应用程序,将大量任务分发给广泛的人群来完成的数据采集方式。这种采集方式利用大规模的人力资源,将复杂任务分解成小任务,通过众包的方式完成数据的收集、整理和处理,从而快速、高效地获取所需信息,为数据分析和决策提供支持。它具有分布式处理采集任务、成本低廉、可拓展性好等优点,广泛应用于地理信息采集、图像标注信息采集、文本数据采集及机器学习标注信息采集等多个领域。京东微工就是通过众包采集的方式来采集用于机器学习的标注好的数据,如图 2-2 所示。

图 2-2 京东微工

2.3 数据采集的技术

下面将探讨数据采集涉及的技术,包括网络爬虫和数据抽取技术。网络爬虫可以自动化地从互联网上收集数据,而数据抽取技术可以从非结构化数据中提取有用信息,为后续的数据分析提供支持。

2.3.1 网络爬虫

网络爬虫(Web Crawler)又称网页蜘蛛,是一种按照一定的规则,自动地抓取万维网信息的程序或者脚本。它通过模拟人类访问浏览器的行为访问网页,提取数据,并进一步分析和处理这些数据。网络爬虫在搜索引擎、数据挖掘、信息检索等领域被广泛应用。

搜索引擎离不开爬虫。例如,百度蜘蛛(Baiduspider)是百度搜索引擎的爬虫。百度蜘蛛会在海量的互联网信息中爬取优质信息并收录,当用户在百度搜索引擎上检索对应关键词时,百度搜索引擎将对关键词进行分析处理,从收录的网页中找出相关网页,按照一定的排名规则进行排序,并将结果展现给用户。其他搜索引擎也拥有自己的爬虫,如360Spider、Sogouspider 和 Bingbot。上述爬虫都属于通用网络爬虫(General Purpose Web Crawler),又称全网爬虫,爬取的目标资源在全互联网中。

为了满足不同的需求,还有聚焦网络爬虫(Focused Web Crawler)、增量式网络爬虫(Incremental Web Crawler)和深层网络爬虫(Deep Web Crawler)。

合理的爬取速度是网络爬虫设计中的关键。过快的爬取速度可能给目标网站带来负担,甚至被视为恶意行为而被封禁。因此,爬虫需要合理控制爬取速度,并遵守 Robots 协议等规范。

网络爬虫还涉及数据存储和处理。抓取的数据需要进行存储、索引和分析,以便后续的利用。

2.3.2　数据抽取技术

在介绍数据抽取技术前,需要先了解 ETL(Extract-Transform-Load),它用来描述将数据从来源端抽取(extract)、转换(transform)、加载(load)至目的端的过程。ETL 一词较常用于数据仓库,但其对象并不限于数据仓库。

数据抽取技术指的是从各种数据源中提取出所需信息的方法和工具。这些数据源可以是结构化的数据库、非结构化的文本、半结构化的网页等。

数据抽取可分为全量抽取和增量抽取,实现方式不同,抽取效率也不同,具体如下。

1. 全量抽取。

全量抽取类似于数据迁移或数据复制,它会将数据源中的表或视图的数据从数据库中原封不动地抽取出来,并转换成自己的 ETL 工具可以识别的格式。

2. 增量抽取。

在 ETL 的使用过程中,增量抽取较全量抽取应用更广。由于增量抽取只抽取自上次抽取以来数据库要抽取的表中新增或修改的数据,因此如何捕获变化数据是增量抽取的关键。

在进行增量抽取时,对于捕获方法一般有以下两个要求。

(1) 准确性:能够将业务系统中的变化数据按一定的频率准确地捕获。

(2) 性能:不能对业务系统造成太大的压力,影响现有业务。

目前增量抽取中比较常用的捕获变化数据的方法有:

(1) 触发器方式(又称快照式)。在要抽取的表上建立需要的触发器,一般要建立插入、修改、删除 3 种触发器,每当源表中的数据发生变化,就会触发相应功能的触发器,将变化数据写入一个临时表,抽取线程从临时表中抽取数据后,抽取过的数据将被标记或删除。触发器方式的优点是数据抽取的性能较高,缺点是要求在业务数据库中建立触发器,对业务系统有一定的性能影响。

(2) 时间戳方式。在源表上增加一个时间戳字段,系统中更新修改表数据的同时,修改时间戳字段的值。当进行数据抽取时,通过比较上次抽取时间与时间戳字段的值来决定抽取哪些数据。有的数据库时间戳支持自动更新,即表的其他字段的数据发生改变时,自动更新时间戳字段的值。有的数据库不支持时间戳的自动更新,如 SQLite 等轻量级的数据库,这就要求业务系统在更新业务数据时,利用编程接口或者数据库的特定功能来更新时间戳字段的值。同触发器方式一样,时间戳方式的性能也比较好,数据抽取相对清楚、简单,但对业务系统有很大的侵入性(即加入额外的时间戳字段),特别是对不支持时间戳自动更新的数据库,还要求业务系统进行额外的更新时间戳的操作。另外,无法捕获对时间戳以前数据的 delete 操作和 update 操作,在数据准确性上受到了一定的限制。

(3) 全表比对方式。典型的全表比对方式是采用 MD5(Message-Digest Algorithm 5)校验码。MD5 是一种广泛使用的哈希函数,它将任意长度的消息作为输入,并生成一个128 位(16 字节)的哈希值作为输出,用于确保信息传输完整、一致,被广泛用于加密、签名、数据完整性验证等领域。ETL 工具事先为要抽取的表建立一个结构类似的 MD5 临时表,该临时表记录源表主键及根据所有字段的数据计算出来的 MD5 校验码。每次进行数据抽取时,对源表和 MD5 临时表进行 MD5 校验码的比对,从而决定源表中的数据是新增、修改还是删除,同时更新 MD5 校验码。该方式的优点是对源系统的侵入性较小(仅需要建立一个 MD5 临时表),但缺点也是显而易见的。与触发器方式和时间戳方式中的主动通知不同,该方式是被动地进行全表数据的比对,性能较差。当表中没有主键或唯一列且含有重复记录时,该方式的准确性较差。

(4) 日志表方式。在业务系统中添加系统日志表,当业务数据发生变化时,更新、维护日志表内容,当进行 ETL 加载时,通过读日志表数据决定加载哪些数据及如何加载。这种方式不需要修改业务系统表结构,源数据抽取清楚,速度较快。可以实现数据的递增加载。

2.4　数据采集工具介绍

随着互联网的发展和信息化程度的提高,数据的来源变得越来越多样化和复杂化,因此需要借助数据采集工具从各种数据源中提取所需的信息。下面将介绍 4 种常用的数据采集工具及其特点。

1. Octoparse

Octoparse(八爪鱼)是一款强大的可视化网页抓取工具,它为用户提供了简单易用的界面和丰富的功能,能够帮助用户从网页中提取数据,并转换为结构化数据。Octoparse 的图标如图 2-3 所示。

Octoparse 的主要特点如下。

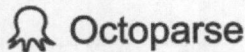

图 2-3　Octoparse 的图标

(1) 可视化操作。Octoparse 采用可视化的操作方式,用户无须编写复杂的代码,只需通过简单的拖放操作设置抓取规则,即可完成数据采集任务。

(2) 丰富的功能。Octoparse 提供了丰富的功能,包括网页浏览器、抓取器、数据提取器等,用户可以根据自己的需求选择合适的功能来完成数据采集任务。

(3) 自动识别网页结构。Octoparse 能够自动识别网页的结构,并提供智能化的抓取策略,帮助用户快速、准确地抓取所需的数据。

(4) 多种输出格式。Octoparse 支持将抓取的数据保存为多种格式,如 CSV、Excel等,方便用户进行后续分析和处理。

2. WebHarvy

WebHarvy 是一款简单易用的网页抓取工具,能够帮助用户从网页中提取结构化数据,并保存为各种格式。WebHarvy 的开始界面如图 2-4 所示。

WebHarvy 的主要特点如下。

(1) 简单易用。WebHarvy 采用直观的界面设计,用户无须编写代码,只需通过简单的操作即可完成数据采集任务。

(2) 强大的抓取功能。WebHarvy 提供了强大的抓取功能,能够帮助用户从网页中提取文本、图像、链接等各种类型的数据。

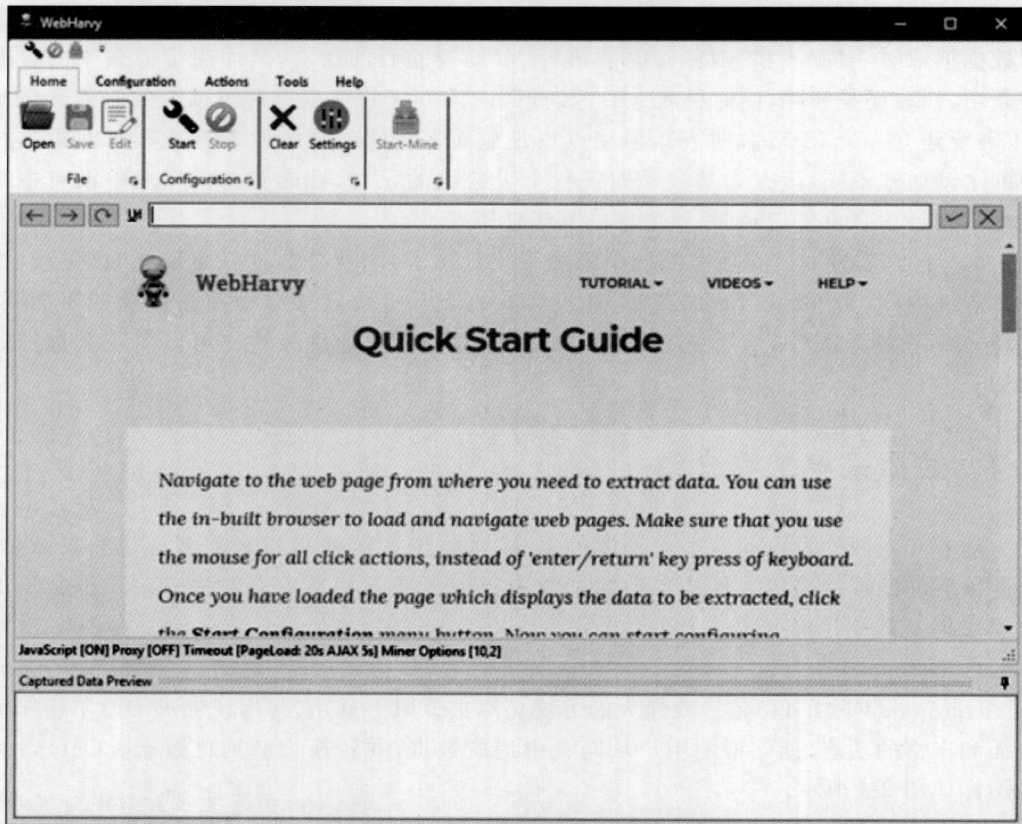

图 2-4　WebHarvy 的开始界面

（3）多种输出格式。WebHarvy 支持将抓取的数据保存为多种格式，如 CSV、Excel、XML 等，方便用户进行后续处理和分析。

（4）自动化操作。WebHarvy 支持自动化操作，用户可以设置定时任务，定期抓取数据，并将结果保存到指定的位置。

3．Kettle

Kettle 是一款开源的 ETL 工具，属于 Pentaho 开源商业智能套件。它提供了强大的数据抽取、转换和加载功能，可用于构建复杂的数据集成和数据处理流程。它支持全量抽取和增量抽取，用户可以根据实际需求选择相应的抽取方式来处理数据。Kettle 的部分控件如图 2-5 所示。

Kettle 的一些重要特点和功能如下。

（1）图形化界面。Kettle 提供了一个直观的图形用户界面，使用户可以轻松地通过拖放组件来设计和配置 ETL 流程。这种可视化的设计界面使不熟悉编程的用户也能够快速上手。

（2）丰富的转换步骤。Kettle 提供了大量的转换步骤（称为 transforms），涵盖了数据抽取、清洗、转换和加载等方面。这些步骤包括文件读取、数据库连接、数据过滤、数据聚合、数据转换等，可以满足不同的数据处理需求。

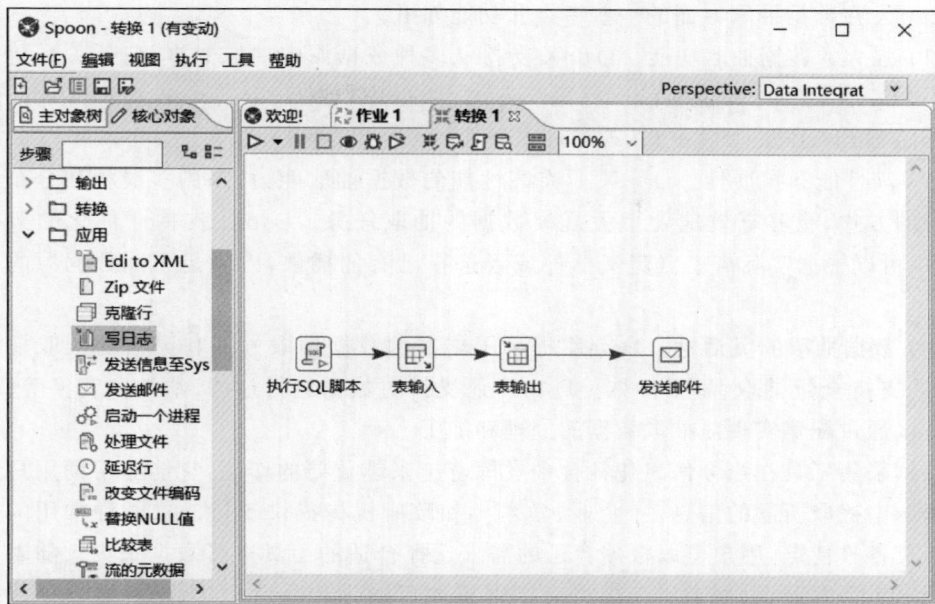

图 2-5　Kettle 的部分控件

（3）强大的数据抽取功能。Kettle 支持从多种数据源中抽取数据，包括关系数据库（如 MySQL、Oracle、SQL Server 等）、平面文件（如 CSV、Excel 等）、NoSQL 数据库（如 MongoDB、Cassandra 等）及其他数据源（如 HTTP、FTP 等）。

（4）调度和监控功能。Kettle 提供了调度和监控功能，允许用户在指定的时间点或事件触发时执行 ETL 作业，并提供了日志和报告功能来跟踪作业的执行状态和结果。

4. DataX

DataX 是阿里巴巴开源的一款异构数据源离线同步工具，用于从不同数据源抽取数据并加载到目标数据存储中。它是一个轻量级、易于使用和高效的数据同步工具，适用于大数据环境下的数据抽取任务。它也支持全量抽取和增量抽取，但是需要用户编写脚本进行配置，学习成本较高。用 DataX 创建任务模板，如图 2-6 所示。

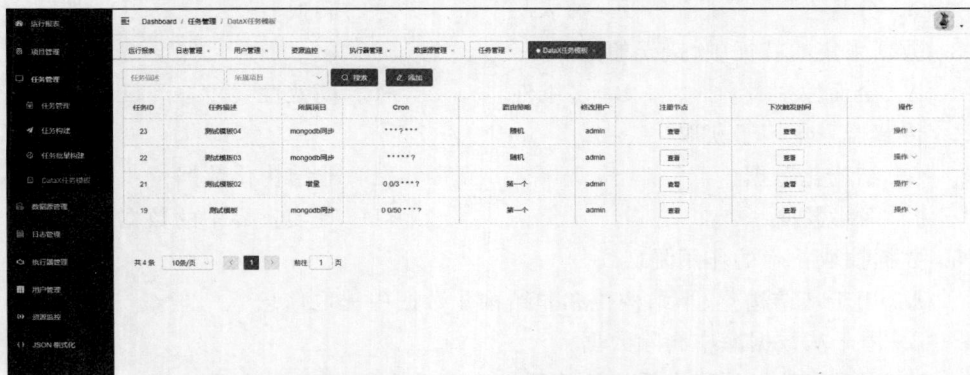

图 2-6　用 DataX 创建任务模板

DataX 在数据抽取方面的一些特点和功能如下。

（1）强大的数据抽取功能。DataX 支持从多种数据源中抽取数据，包括关系数据库（如 MySQL、Oracle、SQL Server 等）、NoSQL 数据库（如 HBase、MongoDB、Redis 等）、文件存储（如 HDFS、OSS、FTP 等）、日志文件、API 接口等。

（2）高性能和扩展性。DataX 具有高性能的数据抽取能力，采用多线程和分布式任务执行的方式，能够有效地处理大规模数据的抽取任务。DataX 支持插件化的架构设计，用户可以根据实际需求自定义插件或者选择已有的插件，以满足不同数据源的抽取需求。

（3）数据抽取的灵活性。DataX 提供了丰富的数据抽取方式和灵活的抽取规则配置，可以支持全量抽取、增量抽取。DataX 还支持对数据进行过滤、清洗和转换等操作，用户可以通过配置实现对抽取数据的处理和加工。

数据采集工具在当今信息化社会中发挥着越来越重要的作用，它能够帮助用户从各种数据源中提取所需的信息，为企业、学术界和政府机构提供支持。这 4 种常用的数据采集工具各具特点，用户可以根据自己的需求选择合适的工具进行数据采集。随着科技的不断进步和发展，数据采集工具将会变得更加智能化和高效化，为用户提供更好的数据采集体验。

思考与练习

选择题

1. 数据采集的基本概念是（　　　）。

   A. 利用工具从系统外部采集数据并输入系统内部的过程

   B. 利用系统内部装置，将数据输出到系统外部接口

   C. 从系统内部获取数据并存储在本地设备中

   D. 将数据从一个系统传输到另一个系统

2. ETL 不包含的环节是（　　　）。

   A. 分析　　　　　　　B. 抽取　　　　　　　C. 转换　　　　　　　D. 加载

3. 数据采集的特征中，错误的是（　　　）。

   A. 全面性　　　　　　B. 多维性　　　　　　C. 高效性　　　　　　D. 低准确性

4. 传感器采集用于获取（　　　）。

   A. 结构化数据　　　　　　　　　　　B. 非结构化数据

   C. 网络数据　　　　　　　　　　　　D. 现实世界中的数据

5. 数据抽取技术的作用是（　　　）。

   A. 用于从结构化、半结构化和非结构化数据中提取信息

   B. 用于从数据库中删除数据

   C. 用于将数据从一个系统传输到另一个系统

   D. 用于将数据存储在本地设备中

判断题

1. 数据采集的基本概念是将数据从系统内部输出到系统外部。 （　　）

2. 数据采集在信息化时代中至关重要,因为它能够使数据传输更加高效。 （　　）

3. 数据采集的特征包括全面性、多维性和高效性。 （　　）

4. 网络爬虫的作用是访问网页并抽取其中的数据。 （　　）

5. 传感器采集的一个实际应用场景是地图应用通过用户提供的地理信息数据更新地图。 （　　）

简答题

1. 为什么数据采集在信息化时代中至关重要?

2. 数据采集的方法有哪些? 选择其中一种方法进行深入介绍,并说明其适用场景。

3. 网络爬虫在数据采集中起到了什么作用? 简要说明其原理及应用。

4. 数据抽取技术如何从非结构化数据中提取信息? 举例说明。

5. 众包采集在数据采集中的作用是什么? 举例说明一种众包采集的应用场景。

章节实训：利用 Octoparse 采集网站数据

实训目标

目标网址为 https://www.tokopedia.com/search?st=&q=disk,这是一个印度尼西亚的电商网站,主要爬取目标是使用 Octoparse 抓取 tokopedia 网站中的 disk 类产品的名称、价格、评级、图片、URL 等详细信息,并且存储为 TXT、CSV 等文件。

实训思路

在 Octoparse 中创建新任务时,需要将目标网址设置为 tokopedia 网站起始页面 https://www.tokopedia.com/search?st=&q=disk 。

读者需要仔细分析 tokopedia 网站的结构和加载方式,特别是产品信息的加载方式,以设置分页循环。在设置分页循环时,需要确保 Octoparse 能够正确地识别下一页的按钮或链接,并能够模拟用户点击操作来获取下一页的内容。

最后,Octoparse 可以辅助用户定位到所有可被爬取的内容,在其中选择目标数据即可。

第 3 章

Python网络数据采集

本章将介绍如何使用 Python 进行网络数据采集。首先介绍编写网络爬虫前需要掌握的技术概念，包括 HTML、HTTP、JavaScript 等构建现代网页的基础技术，以及网络数据采集需要遵循的道德法律规范。然后介绍三种使用 Python 编写网络爬虫的方法：使用爬虫基础库编写爬虫、使用爬虫框架编写爬虫及模拟人工访问浏览器编写爬虫。

学习目标

本章学习目标如下。

（1）掌握 HTML 的基础语法，了解标签和属性这两个概念的意义。

（2）掌握 HTTP 的基本概念，了解 HTTP 请求的种类和使用场景，以及常见的返回状态码的含义。

（3）掌握 JavaScript 的特点，了解异步加载的原理。

（4）掌握使用 Request 库和 BeautifulSoup 库编写爬虫的方法。

（5）掌握 Scrapy 框架的原理及构建爬虫的方法。

（6）掌握 Selenium 库的原理及爬取异步加载网页的方法。

3.1　网络爬虫基础

3.1.1　HTML

HTML（Hyper Text Markup Language，超文本标记语言）是一种用于创建网页的标记语言。网页浏览器可以读取 HTML 文档，并将其渲染成可视化网页。HTML 使用一系列标签描述一个网页中各个部分的位置和作用（如网页的标题、段落和列表等），但它不像编程语言那样能够进行逻辑运算或数据处理，因此它是一种标记语言，而非编程语言。HTML 除了用于结构化信息，也可用于在一定程度上描述网页各个部分的外观和语义。HTML 还允许嵌入图像与对象，并且可以用于创建交互式表单。

HTML 的语言形式为包含于尖括号中的 HTML 标签（如< html >、< head >、< title >），

浏览器使用这些标签来诠释网页内容，但不会将它们显示在页面上。HTML 往往与 JavaScript、CSS(Cascading Style Sheets，层叠样式表)结合使用，以设计令人赏心悦目的网页、网页应用程序及移动应用程序的用户界面。例如，HTML 可以嵌入如 JavaScript 的脚本语言，它们会影响 HTML 网页的行为，实现页面的交互和动态效果。网页也可以引用 CSS 来定义文本和其他元素的外观与布局。维护 HTML 和 CSS 标准的组织——万维网联盟(W3C)鼓励使用 CSS 替代一些用于描述外观的 HTML 元素。

HTML 包含标签、属性、基于字符的数据类型、字符实体、文档类型声明等关键部分，详细介绍如下。

(1) 标签。HTML 标签是 HTML 文档中最基本的构建单元，用于定义文档的结构和内容。HTML 标签通常成对出现，如< h1 >与 </h1 >。其中，第 1 个标签是开始标签，第 2 个标签是结束标签，两个标签之间为元素的内容。如果有些标签没有内容，那么只需要一个开始标签，这又称为"自闭合标签"，如用于嵌入图像的< img >标签。

(2) 属性。开始标签可以包含属性，这些属性有标识文本区段、将样式信息绑定到文本演示和提供引用资源来源等附加信息的作用。属性通常以名称＝"值"的形式出现，多个属性之间用空格隔开。例如，< img src＝"image.jpg" alt＝"Description of the image">是一个图像标签，有 src 和 alt 两个属性，分别代表图像的来源地址和替代文本。可以看到，图像的来源地址为"image.jpg"，替代文本为"Description of the image"，用于在图像无法显示时显示描述信息。

(3) 基于字符的数据类型。HTML 中的文本内容属于基于字符的数据类型，它指标签之间的文本内容，如段落、标题、链接文本等。这些文本数据用于向用户展示信息。

(4) 字符实体。有时候需要在 HTML 文档中使用一些特殊字符，如小于号(＜)或大于号(＞)等，但这些字符可能与 HTML 标签冲突。为了解决这个问题，可以使用字符实体。字符实体以 & 开头，以;结尾，表示一个特定的字符。例如 <表示小于号(＜)，其中 lt 为实体名称。实体名称有对应的实体编号，例如 lt 对应的实体编号为♯60，用 &♯60;也可以表示小于号。使用实体名称而不使用实体编号的好处是，实体名称易于记忆。但浏览器也许并不支持所有实体名称(对实体编号的支持度却很好)。

(5) 文档类型声明。文档类型声明的形式为 <!DOCTYPE>，它用尖括号包围，但不是一个 HTML 标签，它用于告知 Web 浏览器页面使用了哪种 HTML 版本。文档类型声明位于文档中最前面的位置，处于< html >标签之前。常见的文档类型声明为<!DOCTYPE html>，它告知浏览器页面使用的是 HTML5 标准，这会触发标准模式渲染，意味着浏览器会按照 HTML5 标准的要求来解析和显示页面内容。如果页面使用旧版本的 HTML 标准，则需要对应的声明。

一个 HTML 元素的一般形式为<标签 属性 1＝"值 1" 属性 2＝"值 2">内容</标签>。一个 HTML 元素的名称即为标签使用的名称。注意，结束标签的名称前面有一个斜杠"/"，空元素不需要也不允许使用结束标签。如果元素属性未标明，则使用其默认值。

HTML 文档由嵌套的 HTML 元素构成。在一个元素的开始标签与结束标签之间也可以封装另外的元素或文本，它们是被嵌套元素的子元素。HTML 浏览器或其他媒介可以从上下文识别出元素的闭合端及由 HTML 标准定义的结构规则，这些规则非常复杂。下面将简单介绍 HTML 常见的元素与嵌套。

HTML 文档的头部元素为< head >…</head >。标题元素也会被嵌套在头部元素中,示例如下:

```
< head >
    < title >Title</title>
</head >
```

HTML 的标题元素由< h1 >～< h6 >六个标签构成,字体由大到小递减,示例如下:

```
< h1 >标题 1 </h1 >
< h2 >标题 2 </h2 >
< h3 >标题 3 </h3 >
< h4 >标题 4 </h4 >
< h5 >标题 5 </h5 >
< h6 >标题 6 </h6 >
```

HTML 的段落元素的示例如下:

```
< p >第一段</p >
< p >第二段</p >
```

HTML 的换行标签为< br >。< br >与< p >之间的差异在于,br 换行但不改变页面的语义结构,而 p 元素的内容成段,示例如下:

```
< p >
这是一个< br >使用 br < br >换行< br >的段落。
</p >
```

HTML 使用< a >标签来为文本创建链接,href 属性为链接的 URL 地址,示例如下:

```
< a href = "http://www.baidu.com">一个指向百度的链接</a >
```

HTML 使用<!-- -->来标记注释,示例如下:

```
<!-- 这是一行注释 -->
```

大多数元素的属性值由单引号或双引号包围,有些属性值的内容包含特定字符,在 HTML 中可以去掉引号。注意,许多元素存在一些共通属性,常见的共通属性的介绍如下。

(1) id 属性为元素提供了在全文档内的唯一标识。它用于识别元素,以便样式表可以改变其表现属性,脚本也可以改变、显示、删除其内容或对其进行格式化。

(2) class 属性提供一种将类似元素分类的方式,常被用于语义化或格式化。例如,一个 HTML 文档可指定类 class="标记"来表明所有具有这一类值的元素都从属于文档的主文本。格式化后,这样的元素可能会聚集在一起并作为页面脚注,而不会出现在 HTML 代码中。类值也可进行多重声明。例如,class="标记 重要"将元素同时放入"标记"与"重要"两类中。

(3) style 属性可以将表现形式赋予一个特定元素。与使用 id 属性或 class 属性从样式表中选择元素并赋予样式相比,使用 style 属性被认为是一个更好的做法,但有时这对一个简单、专用的样式来说显得太烦琐。

(4) title 属性用于给元素附加说明。在大多数浏览器中,这一属性显示为工具提示。

3.1.2 HTTP

HTTP(Hypertext Transfer Protocol,超文本传输协议)是用于客户端(用户)和服务器端(网站)传输超文本数据(如 HTML 文档)的协议,简单来说,就是客户端和服务器端进行数据传输的一种规则。通过使用网页浏览器、网络爬虫或者其他工具,客户端可以发起一个 HTTP 请求到服务器的指定端口(默认端口号为 80),一般称这个客户端为用户代理(User Agent)。应答的服务器上存储着一些资源,如 HTML 文件和图像,一般称这个应答服务器为源服务器(Origin Server)。一旦收到请求,应答服务器会向客户端返回一个状态(如"HTTP/1.1 200 OK")及对应内容(如请求的文件、错误消息或者其他信息)。

在用户代理和源服务器中间可能存在多个"中间层",如代理服务器、网关或者隧道(Tunnel)等。HTTP 中,并没有规定必须使用某一种特定的中间层协议(如互联网上非常流行的 TCP 传输协议)。事实上,HTTP 可以在任何互联网协议上或其他网络上实现。HTTP 假定其下层协议提供可靠的传输。因此,任何能够提供这种保证的协议都可以被其使用。

HTTP 使用统一资源标识符(Uniform Resource Identifier,URI)来连接、传输特定的资源文件。统一资源定位符(Uniform Resource Locator,URL)是一种特殊类型的 URI,它包含了用于查找某个资源的充足的信息,是互联网上用来定位某一处资源的地址。示例 URL 如下所示:

```
http://www.example.com/path/to/resource?param1 = value1&param2 = value2#section1
```

可以看出,一个完整的 URL 包括以下 6 部分。

(1) 协议(Protocol)。这指的是用于访问资源的通信协议,如 HTTP、HTTPS、FTP(File Transfer Protocol)等。在 URL 中,协议通常在冒号(:)之前,如 http:// 或 https://。HTTPS 是 HTTP 的安全版本,利用 TLS/SSL 协议进行加密,确保数据在传输过程中的安全性和完整性。HTTPS 通常用于保护网站用户的隐私和敏感信息,如登录凭证、支付信息等。FTP 是一种用于在网络上进行文件传输的标准协议,它是明文传输,安全性较低。

(2) 域名(Domain Name)。它是由一串用点分隔的字符组成的互联网上某一台计算机或计算机组的名称,用于在数据传输时标识计算机的电子方位。域名可以说是 IP 地址的代称,目的是便于记忆 IP 地址,它通常包括主机名和域名后缀。例如在 example.com 中,example 是主机名,com 是域名后缀。域名是一个经过注册的互联网标识符,由注册机构(如 ICANN)管理。通常,在浏览器中输入域名时,浏览器会通过域名系统(DNS)将其解析为对应的 IP 地址,然后连接到该 IP 地址的服务器上获取网页或其他资源。

（3）端口（Port）。端口部分是可选的，如果未明确指定，就使用协议的默认端口。HTTP 协议的默认端口号是 80，而 HTTPS 的默认端口号是 443。如果使用了非默认端口，则会在域名后面加上冒号和端口号。

（4）路径（Path）：路径指定了服务器上资源的具体位置。它是由/分隔的一系列文件夹名或文件名。

（5）查询参数（Query Parameters）。查询参数是可选的，用于向服务器传递额外的信息，通常以?开头，参数之间使用 & 分隔，如?key1＝value1&key2＝value2。

（6）片段标识符（Fragment Identifier）。片段标识符指定了资源中的特定片段或位置，以♯开头，如♯section1。

HTTP 的请求方法有很多种，在编写爬虫时需要理解的主要有以下 7 种。

（1）GET：向服务器请求获取特定资源的内容。通常用于读取数据，不应该用于影响服务器状态的操作，其中一个原因是 GET 方法可能会被网络爬虫等随意访问。

（2）HEAD：类似于 GET 方法，但服务器不会返回资源的实际内容，只会返回资源的元信息（如大小、类型等）。该方法适用于仅需要获取资源信息而不需要内容的情况。

（3）POST：向服务器提交数据，请求服务器进行处理，如提交表单或上传文件。该方法通常会导致服务器创建新的资源或修改现有资源。

（4）PUT：将请求中的数据上传指定的资源位置，用于更新资源的内容。

（5）DELETE：请求服务器删除指定资源。

（6）TRACE：回显服务器收到的请求，主要用于测试或诊断。

（7）OPTIONS：使服务器传回该资源所支持的所有 HTTP 请求方法。用'＊'代替资源名称，向 Web 服务器发送 OPTIONS 请求，可以测试服务器功能是否正常运作。

这些方法的名称是区分大小写的。当某个请求所针对的资源不支持对应的请求方法时，服务器应返回状态码 405 Method Not Allowed；当服务器不认识或者不支持对应的请求方法时，应返回状态码 501 Not Implemented。此外，还有以下 12 种常见的返回状态码。

（1）200 OK：请求成功。服务器成功处理了请求。

（2）201 Created：请求已经被实现，并且有一个新的资源已经根据请求的需要而建立。

（3）204 No Content：服务器成功处理了请求，但没有返回任何内容。

（4）400 Bad Request：客户端发送的请求无效，服务器无法理解。

（5）401 Unauthorized：请求需要身份验证。客户端需要提供有效的身份验证信息。

（6）403 Forbidden：服务器拒绝请求。客户端没有权限访问请求的资源。

（7）404 Not Found：服务器无法找到请求的资源。

（8）500 Internal Server Error：服务器遇到了一个未知的错误，无法完成请求。

（9）502 Bad Gateway：服务器作为网关或代理，从上游服务器收到无效响应。

（10）503 Service Unavailable：服务器当前无法处理请求，通常是由于临时的过载或维护。

（11）504 Gateway Timeout：服务器作为网关或代理，未能及时从上游服务器接收请求。

（12）418 I'm A Teapot：一些服务器使用这个响应来处理它们不想处理的请求，如爬虫程序发出的请求。

3.1.3　JavaScript

JavaScript 一般被定义为一种面向对象、动态类型的解释性语言，最初由 Netscape（网景）公司推出，目的是作为新一代浏览器的脚本语言，换句话说，JavaScript 不是为"网站服务器"提供的语言（如 PHP），而是为"用户浏览器"提供的语言。从客户端-服务器端的角度来说，JavaScript 无疑是一种"客户端"语言。但是由于 JavaScript 受到业界的热烈欢迎，并且开发者社区非常活跃，因此目前的 JavaScript 已经开始朝更为综合的方向发展。随着 V8 引擎（可以提高 JavaScript 的解释执行效率）和 Node.js（专为服务器端定制的 JavaScript）等新潮流的出现，JavaScript 已经开始涉足"服务器端"。在 TIOBE 排名（关于程序设计语言受欢迎度的排名）上，JavaScript 稳居前 10 名。对于一个正式的网页来说，一种经典技术搭配是：HTML 决定网页的基本内容，CSS 描述网页的样式布局，JavaScript 控制用户与网页的交互。

注意，很多人会将 JavaScript 与 Java 联系起来，认为它是 Java 的某种派生语言，实际上 JavaScript 在设计原则上更多地受到了 Scheme（一种函数式编程语言）和 C 的影响。除了变量类型和命名规范等细节，JavaScript 与 Java 的关系并不大。Netscape 公司最初将其命名为 LiveScript，但当时正与 Sun 公司合作，并且 Java 获得了巨大成功，为了"蹭热度"，遂将名字改为 JavaScript。JavaScript 推出后，受到了业界的一致肯定，对 JavaScript 的支持也成为现代浏览器的基本要求。浏览器的脚本语言还包括用于 FLASH 动画的 ActionScript 等。

为了在网页中使用 JavaScript，开发者一般会把 JavaScript 脚本程序写在 HTML 的 ＜script＞标签中，构成＜script＞元素。在 HTML 语法里，如果需要引用外部脚本文件，可以在 src 属性中设置其地址。引用外部脚本文件的＜script＞元素示例如图 3-1 所示。

```
▼<script>
    Do(function() {
        var app_qr = $('.app-qr');
        app_qr.hover(function() {
            app_qr.addClass('open');
        }, function() {
            app_qr.removeClass('open');
        });
    });
</script>
</div>
►<div id="anony-sns" class="section">…</div>
►<div id="anony-time" class="section">…</div>
►<div id="anony-video" class="section">…</div>
►<div id="anony-movie" class="section">…</div>
►<div id="anony-group" class="section">…</div>
►<div id="anony-book" class="section">…</div>
►<div id="anony-music" class="section">…</div>
►<div id="anony-market" class="section">…</div>
►<div id="anony-events" class="section">…</div>
▼<div class="wrapper">
    <div id="dale_anonymous_home_page_bottom" class="extra"></div>
    ►<div id="ft">…</div>
</div>
<script type="text/javascript" src="https://img3.doubanio.com/f/shire/72ced6d…/js/
jquery.min.js" async="true"></script> == $0
```

图 3-1　豆瓣首页网页源码中的＜script＞元素

JavaScript 在语法结构上类似于 C++等面向对象的语言,循环语句、条件语句等与 Python 中的写法有较大的差异,但其弱类型特点会更符合 Python 开发者的使用习惯。

使用 JavaScript 可以实现网页的异步加载,即 AJAX(Asynchronous JavaScript and XML,异步 JavaScript 和 XML)方法。AJAX 不是一种新的编程语言,而是一种新方法,它的优点是在不重新加载整个页面的情况下,可以与服务器交换数据并更新部分网页内容。AJAX 不需要任何浏览器插件,但需要用户允许浏览器执行 JavaScript。

以知乎的首页信息流为例,如图 3-2 所示,其与用户的主要交互方式就是用户通过下拉页面(可通过滚动鼠标滚轮、鼠标拖动滚动条等)查看更多动态,而在一部分动态(对于知乎而言包括用户的点赞和回答等)展示完毕后,就会显示一段加载动画并呈现后续的内容。在这个过程中,页面动画其实只是"障眼法",背后过程是 JavaScript 脚本请求服务器发送相关数据,并最终将收到的数据加载到页面之中。页面没有进行全部刷新,而是刷新了一部分,通过这种异步加载的方式完成了对新内容的获取和呈现,这个过程就是典型的 AJAX 应用。

图 3-2　知乎首页的动态刷新

由于爬虫没有像浏览器那样执行 JavaScript 脚本的能力,因此不会为网页运行 JavaScript,最终爬取的结果会和浏览器显示的结果有差异,很多时候不能直接获取想要的关键信息。为了解决这个问题,基于 Python 编写的爬虫程序可以做出两种改进。一种改进是通过分析 AJAX 内容(需要开发者手动观察和实验),观察加载内容时的请求目标、请求内容和请求的参数等信息,最终编写程序来模拟这样的 JavaScript 请求,进而获取信息,这个过程也可以叫作"逆向工程"。另一种改进是直接模拟出浏览器环境,使程序通过浏览器模拟工具运行 JavaScript,最终通过浏览器渲染后的页面获得信息。

3.1.4　Robots 协议

Robots 协议用于管理爬虫行为,指示网络爬虫可以抓取哪些页面。

对于个人编写的实验性质的爬虫而言,一般不会存在法律和道德问题。但随着与互联网知识产权相关的法律法规的逐渐完善,在使用自己的爬虫时,需要遵守网站的规定。2013 年,百度公司以违反 Robots 协议为由,对 360 公司提起了诉讼,指控其通过不正当竞争手段抓取、复制百度网站的内容,并索赔 1 亿元。法院对此案做出了裁决,表示尊重 Robots 协议及对用户原创内容(UGC)数据的保护,360 公司最终被判赔偿百度公司 70 万元。2014 年 8 月,微博宣布停止脉脉对微博开放平台的所有接口的使用权。其理由是脉脉通过恶意抓取行为获取并使用了未经微博用户授权的档案数据,违反了微博开放平台的开发者协议。随着《中华人民共和国网络安全法》的出台,针对企业利用爬虫技

术获取网络上特定信息的行为做出了一些规定。对于个人开发者而言,需要注意:

（1）不应该访问和抓取某些充满不良信息的网站,包括一些充斥暴力、色情或反动信息的网站。

（2）注意版权意识。如果想爬取的信息是其他作者的原创内容,未经作者或版权所有者的授权不应该将这些信息用作其他用途,尤其是商业方面的行为。

（3）保持对网站的善意。如果没有经过网站运营者的同意,使爬虫程序对目标网站的性能产生了一定影响,恶意造成了服务器资源的大量浪费,那么这是不道德的,有时也会触犯相关法律法规。爬虫技术的爱好者并不是一个试图攻击网站的黑客。在编写分布式大规模爬虫时,更需要注意这点。

（4）遵循 Robots 协议和网站服务协议。虽然 Robots 协议并没有强制性约束爬虫程序的能力,但在实际的爬虫编写过程中,仍应该尽可能遵循 Robots 协议的内容。

Robots 协议没有标准的语法,但网站一般都遵循业界共有的习惯。文件的第一行内容是"user-agent:",表明哪些爬虫（程序）需要遵守下面的规则,然后是一组"allow:"和"disallow:",决定是否允许该 user-agent 访问网站的这部分内容。星号（＊）为通配符。如果一条规则后跟着一条矛盾的规则,那么以后一条规则为准。Robots 协议可能还会规定 Crawl-delay,即爬虫抓取延迟,如果在 Robots 协议中看到"Crawl-delay:5",那么说明网站希望程序能够在两次下载请求中给出 5s 的下载间隔。

3.2　Python 爬虫基础库编写爬虫

3.2.1　Requests 库采集网页

Python 的 Requests 库是一个强大而简洁的 HTTP 库,它基于 Python 内置的 urllib 库编写。与内置的 urllib 库相比,Requests 库封装了很多方法,使发送 HTTP 请求变得非常简单。Requests 库可以用于与 Web 服务进行通信、爬取网页内容、处理 API 等。使用以下命令安装 Requests 库。

```
pip install requests
```

Requests 库支持各种类型的 HTTP 请求,包括 GET、POST、PUT、DELETE 等,可以根据需要使用相应的方法来发送不同类型的请求,并根据响应做出相应的处理。使用 Requests 库向网页发送一个 GET 请求,并打印返回内容的文本形式,代码如下。

```
import requests
# 发送一个简单的 GET 请求
response = requests.get('https://api.github.com')
# 输出响应内容
print(response.text)
```

返回的输出如下所示。通过访问 https://api.github.com 可以印证,网页内容与 Python 输出的响应内容一致。

{"current_user_url":"https://api.github.com/user","current_user_authorizations_html_url":"https://github.com/settings/connections/applications{/client_id}","authorizations_url":"https://api.github.com/authorizations","code_search_url":"https://api.github.com/search/code?q={query}{&page,per_page,sort,order}","commit_search_url":"https://api.github.com/search/commits?q={query}{&page,per_page,sort,order}","emails_url":"https://api.github.com/user/emails","emojis_url":"https://api.github.com/emojis","events_url":"https://api.github.com/events","feeds_url":"https://api.github.com/feeds","followers_url":"https://api.github.com/user/followers","following_url":"https://api.github.com/user/following{/target}","gists_url":"https://api.github.com/gists{/gist_id}","hub_url":"https://api.github.com/hub","issue_search_url":"https://api.github.com/search/issues?q={query}{&page,per_page,sort,order}","issues_url":"https://api.github.com/issues","keys_url":"https://api.github.com/user/keys","label_search_url":"https://api.github.com/search/labels?q={query}&repository_id={repository_id}{&page,per_page}","notifications_url":"https://api.github.com/notifications","organization_url":"https://api.github.com/orgs/{org}","organization_repositories_url":"https://api.github.com/orgs/{org}/repos{?type,page,per_page,sort}","organization_teams_url":"https://api.github.com/orgs/{org}/teams","public_gists_url":"https://api.github.com/gists/public","rate_limit_url":"https://api.github.com/rate_limit","repository_url":"https://api.github.com/repos/{owner}/{repo}","repository_search_url":"https://api.github.com/search/repositories?q={query}{&page,per_page,sort,order}","current_user_repositories_url":"https://api.github.com/user/repos{?type,page,per_page,sort}","starred_url":"https://api.github.com/user/starred{/owner}{/repo}","starred_gists_url":"https://api.github.com/gists/starred","topic_search_url":"https://api.github.com/search/topics?q={query}{&page,per_page}","user_url":"https://api.github.com/users/{user}","user_organizations_url":"https://api.github.com/user/orgs","user_repositories_url":"https://api.github.com/users/{user}/repos{?type,page,per_page,sort}","user_search_url":"https://api.github.com/search/users?q={query}{&page,per_page,sort,order}"}

将网址更改为 https://www.douban.com，代码如下。

```
import requests

# 发送一个简单的 GET 请求
response = requests.get('https://www.douban.com')
# 输出响应内容
print(response.text)
```

此段代码没有输出，即 response.text 没有内容。通过浏览器访问 https://www.douban.com，发现可以正常访问首页内容，这说明不是服务器端出现了问题，而是发出的请求出现了问题。requests 的 get 方法返回的响应对象 Response（即代码中的 response 实例）拥有 status_code 属性，可以快速查看响应的状态码，代码如下。

```
print('response.status_code:', response.status_code)
```

得到的输出如下。

```
response.status_code: 418
```

正常情况下，状态码应为 200OK，代表成功访问。状态码 418 I'm A Teapot 代表网站服务器识别出这是一个由爬虫程序而非浏览器发送的请求,所以拒绝返回 URL 对应的内容。在这种情况下,需要将请求伪装成是由浏览器发送的。

网站通常会使用多种方法来识别程序发送的请求,最常用的方法是检查请求头中 User-Agent 字段的值。每个浏览器和程序都有一个唯一的用户代理字符串,其中包含了关于发送请求的软件的信息。网站可以通过检查这个字符串来确定请求是由浏览器还是程序发送的。使用以下代码查看程序默认的请求头。

```
default_headers = requests.utils.default_headers()
# 打印默认请求头
for header, value in default_headers.items():
    print(f"{header}: {value}")
```

输出如下。

```
User - Agent: python - requests/2.26.0
Accept - Encoding: gzip, deflate, br
```

可以看到,默认的请求头里 User-Agent 字段的值为 python-requests/2.26.0,即使用的编程语言和发出请求的包的名称。

如果想骗过浏览器,则需要使用浏览器的请求头来发送请求。在 Requests 库中,只需要在发送请求时指定 headers 参数即可伪装成浏览器的请求。浏览器的请求头可以从网络上查找,也可以进入浏览器的开发者模式,找到任意请求并复制其请求头。更改请求头的代码如下。

```
import requests
headers = {
    'User - Agent': 'Mozilla/5.0 (Windows NT 10.0; Win64; x64) AppleWebKit/537.36 (KHTML,
like Gecko) Chrome/100.0.4896.75 Safari/537.36'
}
# 发送一个简单的 GET 请求
response = requests.get('https://www.douban.com', headers = headers)
# 输出响应内容
print(response.text)
```

此时的输出如下所示,由于输出内容太多,因此对部分内容做了省略。可以看出,返回的是一个完整的 HTML 文档,即未经过浏览器解析的网页源文件。

```
<!DOCTYPE HTML >
< html lang = "zh - cmn - Hans" class = "ua - windows ua - webkit">
< head >
< meta charset = "UTF - 8">
< meta name = "google - site - verification" content = "ok0wCgT2JtBBgo9_zat2iAcimtN4Ftf5ccsh092Xeyw" />
< meta name = "description" content = "提供图书、电影、音乐唱片的推荐、评论和价格比较,以及
城市独特的文化生活。">
< meta name = "keywords" content = "豆瓣,小组,电影,同城,豆品,广播,登录豆瓣">
< meta property = "qc:admins" content = "2554215131764752166375" />
< meta property = "wb:webmaster" content = "375d4a17a4f£24c2" />
< meta name = "mobile - agent" content = "format = html5; url = https://m.douban.com">
```

```
<title>豆瓣</title>
<link rel = "stylesheet" href = "https://img1.doubanio.com/f/vendors/0035bb2f83e2cba49ecf
634fed57f9ff1bbd0d09/css/ui/dialog.css">
<link rel = "stylesheet" href = "https://img1.doubanio.com/f/vendors/3a8b90f5419888f58be
10eaba23e024bb4caf9c3/css/core/_init_.css">
<link rel = "stylesheet" href = "https://img1.doubanio.com/f/sns/bb6b4ad0c8690c51076d61d
6c101c842cd97ba1d/css/sns/anonymous_home/index.css">
<!-- COLLECTED CSS -->

<script type = "text/javascript" src = "https://img1.doubanio.com/f/vendors/0511abe9863c2
ea7084efa7e24d1d86c5b3974f1/js/jquery-1.10.2.min.js"></script>
<script src = "https://img1.doubanio.com/f/vendors/b0d3faaf7a432605add54908e39e17746824
d6cc/js/separation/_all.js"></script>
<script src = "https://img1.doubanio.com/f/vendors/e057439e70105417dffc6fab571688d52efe
ab23/js/douban.js"></script>
<script src = "https://img1.doubanio.com/f/vendors/084b39fa262eabe5828059b3e8072184589b
6b89/js/core/_init_.js"></script>
<script src = ""></script>
<script src = "https://img1.doubanio.com/f/vendors/f25ae221544f39046484a823776f3aa01769
ee10/js/ui/dialog.js"></script>
<script src = "https://img1.doubanio.com/f/sns/c714e1dc3cceb07b6e7c095e01fe136cf79726b1/
js/sns/fp/base.js"></script>
<script src = "https://img1.doubanio.com/f/sns/6a6ebb88ef379a31fe198305b7cd75aafa3314f4/
js/sns/fp/lazypic.js"></script>
<script src = "https://img1.doubanio.com/f/sns/8360a10d497f46c162c6c527954f580eedc4d4e0/
js/sns/fp/inp_label.js"></script>

<script src = "https://img1.doubanio.com/f/vendors/7b710436122e209e64be54f3302aaae246f2
1273/js/lib/head.js"></script>
</head>

<body class = ''>
…
</body>
</html>
```

至此,使用程序请求并获取目标页面的任务就完成了。可以看到,此时只得到了一份 HTML 文档,可读性非常差。从原始的 HTML 文档中解析关注的信息则需要其他的工具。

3.2.2 BeautifulSoup 库解析网页

BeautifulSoup 是一个 Python 库,用于从 HTML 和 XML 文档中提取数据。它提供了一种简单的方式来浏览、搜索和修改解析树,使得在网络爬虫和数据挖掘等任务中提取网页信息变得非常方便。

由于 BeautifulSoup 库并不是 Python 内置的,因此需要使用 pip 来安装。这里安装最新的版本(BeautifulSoup 4,也称为 bs4)。安装命令如下。

```
pip install beautifulsoup4
```

还可以使用简称来安装,命令如下。

```
pip install bs4
```

如果在安装中遇到了问题,可以访问 https://www.crummy.com/software/BeautifulSoup/bs4/doc/获得帮助。

BeautifulSoup 库中的主要工具就是 BeautifulSoup 对象,这个对象的意义是一个 HTML 文档的全部内容。使用以下代码,将 3.2.1 节获取的 HTML 文档转换为 BeautifulSoup 对象,并且以方便阅读的形式将 HTML 文档的内容打印出来。

```
import requests
from bs4 import BeautifulSoup
headers = {
    'User-Agent': 'Mozilla/5.0 (Windows NT 10.0; Win64; x64) AppleWebKit/537.36 (KHTML,
like Gecko) Chrome/100.0.4896.75 Safari/537.36'
}
ht = requests.get('https://www.douban.com', headers = headers)
bs = BeautifulSoup(ht.content)
print(bs.prettify())
```

截取一部分输出如下所示。可以看出,通过使用 prettify()方法,输出的内容加入了缩进,能够使读者更好地分析 HTML 文档内的嵌套结构。

```
<!DOCTYPE HTML>
<html class = "ua-windows ua-webkit" lang = "zh-cmn-Hans">
 <head>
  <meta charset = "utf-8"/>
  <meta content = "ok0wCgT20tBBgo9_zat2iAcimtN4Ftf5ccsh092Xeyw" name = "google-site-
verification"/>
  <meta content = "提供图书、电影、音乐唱片的推荐、评论和价格比较,以及城市独特的文化生
活。" name = "description"/>
  <meta content = "豆瓣,小组,电影,同城,豆品,广播,登录豆瓣" name = "keywords"/>
  <meta content = "2554215131764752166375" property = "qc:admins"/>
  <meta content = "375d4a17a4fa24c2" property = "wb:webmaster"/>
  <meta content = "format = html5; url = https://m.douban.com" name = "mobile-agent"/>
  <title>
   豆瓣
  </title>
```

使用以下代码来查看 HTML 文档中的元素。

```
print('title:', bs.title)
print('title.name:', bs.title.name)
print('title.text:', bs.title.text)
print('title.parent.name:', bs.title.parent.name)
```

输出如下。

```
title: <title>豆瓣</title>
title.name: title
```

```
title.text: 豆瓣
title.parent.name: head
```

可以看到,通过 title 即可方便地访问 HTML 文档中的 title 元素,通过 text 可以访问对应元素中的文本内容。还可以通过 parent 元素轻松访问对应元素节点的父节点。

若元素在 HTML 文档中出现多次,则需要使用 find_all()方法。使用 find_all()方法获取的结果都是由 Tag 对象组成的列表,Tag 对象也是 BeautifulSoup 库中的主要对象之一,它在逻辑上与 XML 或 HTML 文档中的标签相同,可以使用 name 和 attrs 来访问 Tag 对象的名字和属性,还可以使用类似字典的方法获取属性,以名为 tag 的 Tag 对象为例,获取其 href 属性的方法为 tag['href']。

find_all()方法的定义如下。

```
find_all(name, attrs, recursive, text, **kwargs)
```

该方法搜索当前这个 Tag 对象(这时 BeautifulSoup 对象可以被视为一个 Tag 对象,是所有 Tag 对象的根)的所有子节点,并判断是否符合搜索条件。name 参数可以查找所有名字为 name 的 Tag 对象,示例如下。

```
bs.find_all('tagname')
```

find_all()方法在搜索时支持根据元素是否含有某一属性来搜索,代码如下。

```
bs.find_all(href = 'https://book.douban.com').text
```

其结果应该是"豆瓣读书"。也可以同时使用多个属性来搜索,通过 find_all()方法的 attrs 参数定义一个字典参数来搜索多个属性,代码如下。

```
bs.find_all(attrs = {"href": re.compile('time'),"class":"title"})
```

可以看到,这行代码将所有"href"属性中含有'time'并且"class"属性为"title"的内容都找了出来。这行代码中还出现了 re.compile()方法,也就是说使用了正则表达式,如果传入正则表达式作为参数,BeautifulSoup 库会通过正则表达式的 match()方法来匹配内容。输出如下。

```
< a class = "title" href = "https://m.douban.com/time/column/120?dt_time_source = douban -
web_anonymous" target = "_blank">一个作家的养成——写作成长营名师直播课精选</a>
< a class = "title" href = "https://m.douban.com/time/column/265?dt_time_source = douban -
web_anonymous" target = "_blank">邂逅风骨、风度与风流——魏晋名士的生活美学</a>
< a class = "title" href = "https://m.douban.com/time/column/213?dt_time_source = douban -
web_anonymous" target = "_blank">我们的女性 400 年——文学里的女性主义简史</a>
< a class = "title" href = "https://m.douban.com/time/column/136?dt_time_source = douban -
web_anonymous" target = "_blank">生存大作战——植物世界里的八大超能力</a>
< a class = "title" href = "https://m.douban.com/time/column/246?dt_time_source = douban -
web_anonymous" target = "_blank">在故宫发现中国之美——5 位故宫专家带你走近珍藏国宝</a>
```

```
<a class = "title" href = "https://m.douban.com/time/column/101?dt_time_source = douban -
web_anonymous" target = "_blank">花鸟鱼虫的生活意见——博物君的自然笔记</a>
<a class = "title" href = "https://m.douban.com/time/column/91?dt_time_source = douban -
web_anonymous" target = "_blank">一个故事的诞生——22堂创意思维写作课</a>
<a class = "title" href = "https://m.douban.com/time/column/267?dt_time_source = douban -
web_anonymous" target = "_blank">不能承受的生命之轻——听复旦教授梁永安深度解读</a>
<a class = "title" href = "https://m.douban.com/time/column/104?dt_time_source = douban -
web_anonymous" target = "_blank">喝咖啡时遇见巴赫——听懂"音乐之父"的经典名曲</a>
<a class = "title" href = "https://m.douban.com/time/column/199?dt_time_source = douban -
web_anonymous" target = "_blank">复旦沈奕斐的社会学爱情思维课</a>
```

BeautifulSoup 库还支持根据 CSS 来搜索,这时要使用"class_ ="的形式,因为 class
在 Python 中是一个保留关键词。示例代码如下。

```
bs1.find_all(class_ = 'video - title')
```

recursive 参数默认设置为 True,BeautifulSoup 库会检索当前 Tag 对象的所有子孙
节点,如果只想搜索 Tag 对象的直接子节点,可以设置 recursive 参数为 False。

通过 text 参数可以搜索文档中的字符串内容,示例代码如下。

```
bs1.find_all(text = re.compile('银翼杀手'))[0].parent['href']
```

输出结果是'https://movie.douban.com/subject/10512661/',这是电影《银翼杀手 2049》的
豆瓣电影主页。当使用 text 参数时,find_all()返回的结果是一个字符串(NavigableString,
就是指一个 Tag 对象中的字符串)列表,所做的是使用 parent 访问列表第一个元素所在
的 Tag 对象然后获取 Tag 对象的 href 属性。

find_all()函数会返回全部的搜索结果,所以如果文档的树结构很大,那么很可能并
不需要全部结果,limit 参数可以限制返回结果的数量。当搜索数量达到 limit 参数设置
的值就会停止搜索。BeautifulSoup 库中还有一个 find()方法实际上就是当 limit 参数为
1 时的 find_all()方法。

由于 find_all()函数如此常用,因此在 BeautifulSoup 库中,BeautifulSoup 对象和 Tag 对
象可以被当作一个 find_all()函数来使用,也就是说下面两行代码是等效的。

```
bs.find_all("a")
bs("a")
```

下面两行代码也是等价的。

```
soup.title.find_all(text = "abc")
soup.title(text = "abc")
```

至此,BeautifulSoup 库解析网页的基本方法已经介绍完毕。只要利用这些解析函
数,将豆瓣首页中关心的内容保存到本地,即可完成一个简单的爬虫。Python 保存内容
的方法非常多,这里不作示例说明。

严格地说,一个只处理单个静态页面的程序不能称为爬虫,只能算是一种简化的网

页抓取脚本。实际的爬虫程序面对的任务是根据某种抓取逻辑，重复遍历多个页面，甚至多个网站。在处理当前页面时，爬虫就应该考虑确定下一个将要访问的页面，下一个页面的链接地址有可能在当前页面的某个元素中，也可能从特定的数据库中读取（这取决于爬虫的爬取策略），通过从"爬取当前页"到"进入下一页"的循环，实现整个爬取过程。这个过程可以利用 Python 来实现，但是对于初学者来说，这需要大量的时间，同时其代码可能存在各种难以发现的问题，降低爬取效率。因此，3.3 节将介绍如何利用 Python 编写的爬虫框架快速开发优质爬虫程序，免去对实现细节的考虑，提高开发效率。

3.3 Scrapy 框架构建爬虫

3.3.1 Scrapy 框架简介

3.2 节介绍了如何使用 Requests 和 BeautifulSoup 两个 Python 第三方库来抓取、解析页面，进而实现数据爬取。初学者在进行上述爬虫工具的实践时，会发现一些问题，例如一部分代码比较通用，但是将其用到新项目时又不像导入第三方库那样方便；爬取出现问题需要调试时，缺少合适的调试工具；存储爬取的数据，尤其是需要调整存储格式时，涉及的代码很烦琐；想添加如延迟策略、代理 IP、多线程爬取等高级功能时，可能需要重构代码，时间成本太高，也容易出现隐藏很深的错误等。采用一个标准的框架来解决上述问题非常重要。

在各种 Python 爬虫框架中，Scrapy 框架因为合理的设计、简便的用法和十分广泛的资料等优点脱颖而出，成为比较流行的爬虫框架选择。Scrapy 框架的官网是 https://scrapy.org/，读者可以随时访问并查看最新的消息，这里对其进行简单的介绍。

从构件上看，Scrapy 框架主要由以下组件组成。

（1）引擎（Scrapy）：用来处理整个系统的数据流处理，触发事务，它是框架的核心。

（2）调度器（Scheduler）：用来接受引擎发过来的请求，将请求放入队列中，并在引擎再次请求时返回。它决定下一个要抓取的网址，同时担负着网址去重这一重要工作。

（3）下载器（Downloader）：用于下载网页内容，并将网页内容返回给爬虫。下载器的基础是 twisted，这是一个 Python 网络引擎框架。

（4）爬虫（Spiders）：用于从特定的网页中提取自己需要的信息，即 Scrapy 中所谓的实体（Item）。也可以从中提取出链接，让 Scrapy 继续抓取下一个页面。

（5）数据管道（Data Pipeline）：负责处理爬虫从网页中抽取的实体，主要的功能是持久化信息、验证实体的有效性、清洗信息等。当页面被爬虫解析后，将被发送到管道，并经过特定的程序来处理数据。

（6）下载器中间件（Downloader Middlewares）：引擎和下载器之间的框架，主要工作是处理引擎与下载器之间的请求及响应。

（7）爬虫中间件（Spider Middlewares）：引擎和爬虫之间的框架，主要工作是处理爬虫的响应输入和请求输出。

它们之间的关系示意如图 3-3 所示。

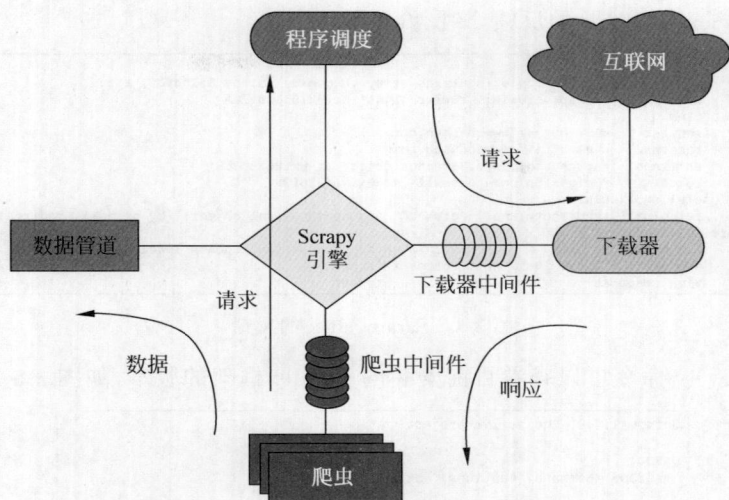

图 3-3　Scrapy 框架架构的组件之间的关系

具体来说,一个爬虫的工作流程如下。

(1) 引擎打开一个网站,找到处理该网站的爬虫,并向该爬虫请求第一个要爬取的 URL。

(2) 引擎从爬虫中获取到第一个要爬取的 URL 并在程序调度器中以请求调度。

(3) 引擎向程序调度器请求下一个要爬取的 URL。

(4) 程序调度器返回下一个要爬取的 URL 给引擎,引擎将 URL 通过下载器中间件转发给下载器。

(5) 一旦页面下载完毕,下载器会生成一个该页面的响应,并将其通过下载器中间件发送给引擎。

(6) 引擎从下载器中接收到响应并通过爬虫中间件发送给爬虫处理。

(7) 爬虫处理响应并返回爬取到的实体及发送新的响应给引擎。

(8) 引擎将爬取到的实体传递给数据管道,将爬虫返回的响应传递给调度器。

重复步骤(2)开始的过程直到调度器中没有更多的响应,最终引擎关闭网站。

3.3.2　Scrapy 框架安装

可以通过 pip 十分轻松地安装 Scrapy 框架。安装 Scrapy 框架首先需要使用以下命令安装 lxml 库:

```
pip install lxml
```

如果已经安装 lxml 库,就可以直接安装 Scrapy 框架,命令如下。

```
pip install scrapy
```

在终端中执行命令(后面的网址可以是其他域名,如 www.baidu.com),命令如下。

```
scrapy shell www.douban.com
```

可以看到 Scrapy shell 的反馈,如图 3-4 所示。

```
[s] Available Scrapy objects:
[s]   scrapy       scrapy module (contains scrapy.Request, scrapy.Selector, etc)
[s]   crawler      <scrapy.crawler.Crawler object at 0x1053c0b70>
[s]   item         {}
[s]   request      <GET http://www.douban.com>
[s]   response     <403 http://www.douban.com>
[s]   settings     <scrapy.settings.Settings object at 0x10633b358>
[s]   spider       <DefaultSpider 'default' at 0x106682ef0>
[s] Useful shortcuts:
[s]   fetch(url[, redirect=True]) Fetch URL and update local objects (by default, redirect
s are followed)
[s]   fetch(req)                  Fetch a scrapy.Request and update local objects
[s]   shelp()            Shell help (print this help)
[s]   view(response)     View response in a browser
```

图 3-4　Scrapy shell 的反馈

使用 scrapy -v 命令可以查看目前安装的 Scrapy 框架的版本,如图 3-5 所示。

```
Scrapy 1.4.0 - no active project

Usage:
  scrapy <command> [options] [args]

Available commands:
  bench         Run quick benchmark test
  fetch         Fetch a URL using the Scrapy downloader
  genspider     Generate new spider using pre-defined templates
  runspider     Run a self-contained spider (without creating a project)
  settings      Get settings values
  shell         Interactive scraping console
  startproject  Create new project
  version       Print Scrapy version
  view          Open URL in browser, as seen by Scrapy

  [ more ]      More commands available when run from project directory

Use "scrapy <command> -h" to see more info about a command
```

图 3-5　查看 Scrapy 版本

看到这些信息就说明已经安装成功。

3.3.3　Scrapy 框架爬虫编写

为了创建一个 Scrapy 爬虫的项目,首先进入想要存放项目的目录下,这里在终端中使用命令创建一个新目录并进入:

```
mkdir newcrawler
cd newcrawler/
```

之后执行 Scrapy 框架的对应命令:

```
scrapy startproject newcrawler
```

```
newcrawler/
└── newcrawler
    ├── newcrawler
    │   ├── __init__.py
    │   ├── __pycache__
    │   ├── items.py
    │   ├── middlewares.py
    │   ├── pipelines.py
    │   ├── settings.py
    │   └── spiders
    │       ├── __init__.py
    │       └── __pycache__
    └── scrapy.cfg
```

图 3-6　newcrawler 目录的结构

可以发现目录下多出了一个名为 newcrawler 的目录,查看这个目录的结构,如图 3-6 所示,这是一个标准的 Scrapy 框架的爬虫项目结构。

其中 items.py 定义了爬虫的“实体”类,middlewares.py 是中间件文件,pipelines.py 是管道文件,spiders 文件夹下是具体的爬虫,scrapy.cfg 是爬虫的配置文件。

然后执行新建爬虫的命令:

```
scrapy genspider DoubanSpider douban.com
```

输出如下。

```
Created spider 'DoubanSpider' using template 'basic'
```

不难发现,genspider 命令创建了一个名为 DoubanSpider 的新爬虫脚本,这个爬虫对应的域为 douban.com。在输出中发现了一个名为 basic 的模板,这其实是 Scrapy 框架默认的基础爬虫模板。进入 DoubanSpider.py 中查看,如图 3-7 所示。

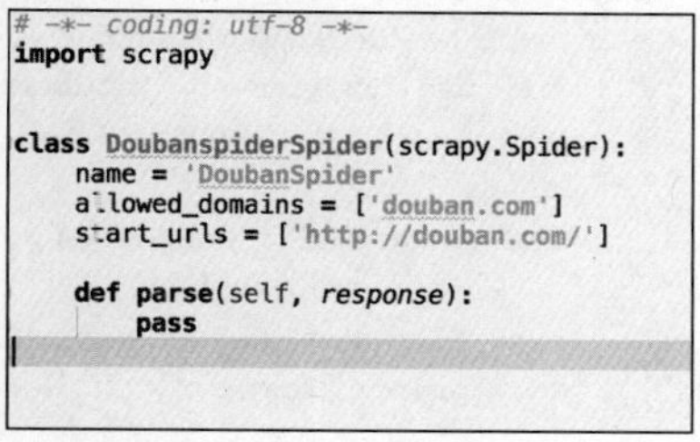

可见它继承了 scrapy.Spider 类,其中还有一些类属性和方法。name 用来标识爬虫,它在项目中是唯一的,每一个爬虫有一个独特的 name。parse()

```
# -*- coding: utf-8 -*-
import scrapy

class DoubanspiderSpider(scrapy.Spider):
    name = 'DoubanSpider'
    allowed_domains = ['douban.com']
    start_urls = ['http://douban.com/']

    def parse(self, response):
        pass
```

图 3-7 DoubanSpider.py

是一个处理响应的方法,在 Scrapy 框架中,响应由每个请求生成。作为 parse()方法的参数,response 是 TextResponse 类的实例,它保存了页面的内容。start_urls 列表是一个代替 start_requests()方法的捷径。start_requests()方法的任务是从 URL 生成 scrapy.Request 对象,作为爬虫的初始请求。之后遇到的 Scrapy 框架爬虫基本都有着类似这样的结构。

进入 items.py 文件,会看到以下内容:

```
# -*- coding: utf-8 -*-

# Define here the models for your scraped items
#
# See documentation in:
# http://doc.scrapy.org/en/latest/topics/items.html

import scrapy


class NewcrawlerItem(scrapy.Item):
    # define the fields for your item here like:
    # name = scrapy.Field()
    pass
```

为了定制 Scrapy 框架的爬虫,要根据自己的需求定义不同的实体,例如,创建一个针对页面中所有正文文字的爬虫,将 Items.py 的内容改写为:

```
class TextItem(scrapy.Item):
    # define the fields for your item here like:
    text = scrapy.Field()
```

之后编写 DoubanSpider.py 文件:

```
# - * - coding: utf - 8 - * -
import scrapy
from scrapy.selector import Selector
from ..items import TextItem


class DoubanspiderSpider(scrapy.Spider):
    name = 'DoubanSpider'
    allowed_domains = ['douban.com']
    start_urls = ['https://www.douban.com/']

    def parse(self, response):
        item = TextItem()
        h1text = response.xpath('//a/text()').extract()
        print("Text is" + ''.join(h1text))
        item['text'] = h1text
        return item
```

　　注意,一个爬虫项目可以有多个不同的爬虫类,因为有时需要在一组网页中收集不同类别的信息(如一个电影介绍网页的演员表、剧情简介、海报图片等),可以为它们设定独立的实体类,再用不同的爬虫进行爬取。

　　这个爬虫会先进入 start_urls 列表中的页面(在这个例子中就是豆瓣网的首页),收集信息完毕后,确认没有未访问的 URL 就会停止。response.xpath('//a/text()').extract()这行语句将从 response(其中保存着网页信息)中使用 xpath 语句抽取出所有 a 标签的文字内容(text)。下一行语句会将它们逐一打印。

　　在运行这个简单的 Scrapy 框架的爬虫之前,进入 settings.py 文件中查看爬虫的默认设置,部分文件内容如下。

```
# Obey robots.txt rules
ROBOTSTXT_OBEY = True

# Configure maximum concurrent requests performed by Scrapy (default: 16)
# CONCURRENT_REQUESTS = 32

# Configure a delay for requests for the same Website (default: 0)
# See http://scrapy.readthedocs.org/en/latest/topics/settings.html#download-delay
# See also autothrottle settings and docs
# DOWNLOAD_DELAY = 3
```

　　具体细节如下。

　　如果启用 ROBOTSTXT_OBEY,Scrapy 框架就会遵循 Robots 协议的内容。

　　CONCURRENT_REQUESTS 设定了并发请求的最大值,在这里是被注释掉的,也就是说没有限制最大值。

　　DOWNLOAD_DELAY 设定了下载器在下载同一个网站的不同页面时需要等待的时间间隔。通过设置该选项,可以限制程序的爬取速度,减轻服务器压力。

　　另外一些 settings.py 中的重要设置包括:

　　(1) BOT_NAME:Scrapy 框架的爬虫项目的 bot 名称,使用 startproject 命令创建

项目时会自动赋值。

（2）ITEM_PIPELINES：保存项目中启用的管道及其对应顺序，使用一个字典结构。字典默认为空，值（value）一般设定在 0～1000 范围，数字越小代表优先级越高。

（3）LOG_ENABLED：是否启用日志记录，默认为 True。

（4）LOG_LEVEL：设定开始记录日志的级别。

（5）USER_AGENT：默认的用户代理。

运行 Scrapy 框架的爬虫脚本后，往往会生成大量的程序调试信息，这对于观察程序的运行状态是很有用的。为了简洁，可以设置 LOG_LEVEL。Python 中的 log 级别一般有 DEBUG、INFO、WARNING、ERROR、CRITICAL 等，其"严重性"逐渐增长，包含的范围逐渐缩小。当把 LOG_LEVEL 设置为 ERROR 时，只显示 ERROR 和 CRITICAL 级别的日志。日志不仅可以在终端显示，也可以用 Scrapy 框架的命令行工具输出到文件中。

为了让爬虫看起来更像一个浏览器，需要更改默认的 USER_AGENT 参数。将 USER_AGENT 参数赋值的那一行代码取消注释并编辑，内容如下。

```
USER_AGENT = 'Mozilla/5.0 (Windows NT 6.1; WOW64) AppleWebKit/537.36 (KHTML, like Gecko) Chrome/36.0.1985.125 Safari/537.36'
```

完成设置后，可以开始运行这个爬虫，命令如下。

```
scrapy crawl spidername
```

其中，spidername 是爬虫的名称，即爬虫类中的 name 属性。

运行程序并进行爬取后，可以看到类似图 3-8 所示的输出，说明爬虫成功进行了爬取。

图 3-8　程序运行后的输出

3.4　Selenium 库模拟人工爬虫

3.4.1　Selenium 库简介

Selenium 库是一个用于浏览器应用程序测试的工具，它直接运行在浏览器中，通过对网页的各种操作(如单击、滑动等)来模拟用户操作。框架底层利用 JavaScript 代码实现测试脚本,调用相应接口后,浏览器会自动按照脚本代码做出操作,可以从终端用户的角度测试应用程序。

Selenium 库本身只是个工具,而不是一个具体的浏览器,但是 Selenium 库支持包括 Chrome 和 Firefox 在内的主流浏览器。使用 Selenium 库编写爬虫,可以完全模拟人工的操作,被反爬虫策略限制的可能性大大降低。但是由于 Selenium 库需要操作浏览器,因此占用的资源较多,速度较慢,只适合构建中小型的爬虫程序。对于异步加载的页面,Selenium 库可以让爬虫构建者以普通人的思维获取新的内容,而不需要去了解甚至掌握异步加载的底层细节,因此 Selenium 库也适合不了解网页加载技术的人。

Selenium 库通常使用 XPath 来爬取网页中的特定元素。XPath(XML Path Language)是一种用来确定 XML 文档中某一确定位置的语言,由于 XML 语言与 HTML 语言的相似性,XPath 也可以定位 HTML 文档中元素的位置。可以在浏览器开发者工具中,右击对应元素的 HTML 代码来获得 XPath 路径。

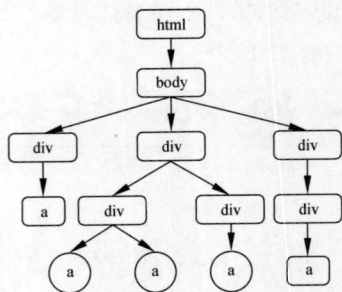

XPath 路径以"/"开头,表示从根节点开始选取,然后加上节点名称以树状结构层层依次向下,直到选取到需要定位的元素。若只有节点名称,则会定位到当前对应该名称的所有子元素,如果加上[],则会定位到对应顺序的元素,序号从 1 开始。如果网页 HTML 文档结构如图 3-9 所示,则 XPath 为/html/body/div[2]/div/a 的元素是 3 个名字为 a 的圆形外框的节点。

图 3-9 网页 HTML 文档的结构

3.4.2 Selenium 库与浏览器驱动安装

使用以下命令安装 Selenium 库。

```
pip install selenium
```

然后,需要下载并安装一个对应浏览器版本的 webdriver 驱动文件。可以在"设置-帮助"路径下查到浏览器的版本信息。之后访问 https://chromedriver. storage. googleapis. com/index. html 下载对应的驱动文件,按提示完成安装。最后需要向存放浏览器驱动的目录添加环境变量,以便在本地使用。如果添加环境变量失败,则需要在编写程序时加入驱动地址参数,代码如下。

```
path = r'驱动所在绝对路径\chromedriver.exe'
browser = webdriver.Chrome(path)
```

3.4.3 Selenium 库爬虫编写

本节将介绍 Selenium 库的一些主要操作方法。
打开浏览器,并保存驱动名的代码如下。

```
driver = webdriver.Firefox()
```

利用驱动打开 URL 链接对应网页的代码如下。

```
driver.get(url)
```

利用驱动执行对应的 JavaScript 代码(变量 js 表示)的代码如下。

```
driver.execute_script(js)
```

利用驱动定位相关元素的 4 种主要方法如表 3-1 所示。

表 3-1 Selenium 定位元素的主要方法

定位元素方法	意 义
find_element_by_id()	通过元素 id 定位
find_element_by_name()	通过元素名定位
find_element_by_xpath()	通过 XPath 路径表达式定位
find_element_by_tag_name()	通过标签名定位

定位元素后,可以利用 click()、drag_and_drop()等函数实现点击、拖动等操作。

下面将爬取网易新闻中关键词为"中国芯片"的相关新闻。搜索发现网址为 https://www.163.com/search?keyword=中国芯片,观察得知网页通过向下滑动滚动条加载新闻。可以通过 Selenium 库模拟浏览器滑动滚动条的操作,通过 XPath 定位相关新闻链接。具体代码和分析如下。

```
# 下载 Selenium 库后,从 Selenium 库中引入 webdriver
from selenium import webdriver
import time


# 此处下载的是 Firefox 驱动,所以用 Firefox()方法打开浏览器
# 若下载的是 Chrome 驱动,则利用 Chrome()方法打开浏览器
driver = webdriver.Firefox()

# 将提取的新闻链接保存在 listhref 列表中
listhref = []
url = "https://www.163.com/search?keyword=中国芯片"

# 通过分析网页结构可知,网页的所有新闻都存放在"class"="keyword_list"的节点下,右击复
# 制该节点 XPath 路径"/html/body/div[2]/div[2]/div[1]/div[2]",再对某一个新闻进行分析
# 得到新闻链接存放的节点 a 的 XPath 路径,此时不用添加标号,就可以查询到所有满足条件的
# 新闻链接
xpath_name = "/html/body/div[2]/div[2]/div[1]/div[2]/div/h3/a"

# 根据网页链接打开浏览器
driver.get(url = url)
```

```
# 这里设计了两个临时变量,分别保存现在滚动条距离页面顶层的高度和上一次滚动条的高度,
# 用来判断滚动条是否已经到达页面底部,无法继续下滑
nowTop = 0
tempTop = -1

# 不断向下滑动滚动条并且保存新闻链接
while True:
    # 保存网页链接存取的位置节点
    name = driver.find_elements_by_xpath(xpath_name)
    # 遍历各个节点
    for j in range(len(name)):
    # 判断当前下标有没有文本
        if name[j].text:
            # 如果有,则添加进列表,通过 get_attribute()方法获得'href'属性的值,即新闻链接
            listhref.append(name[j].get_attribute('href'))
        else:
            pass

    # 执行滑动操作
    driver.execute_script("window.scrollBy(0,1000)")
    # 睡眠
    time.sleep(5)

    # 获得滚动条距离顶部的距离
    nowTop = driver.execute_script("return document.documentElement.scrollTop || window.
pageYOffset || document.body.scrollTop;")

    # 如果滚动条距离顶部的距离不再变化,意味着已经到达页面底部,可以退出循环
    if nowTop == tempTop:
        break
    tempTop = nowTop

# 完成后关闭浏览器
driver.close()
# 检查新闻链接是否保存成功
print(listhref)
```

　　获得新闻链接的列表后,可以通过 Requests、BeautifulSoup 等库的方法或者 XPath 的方法获取新闻标题、时间和内容,此处留作练习。

思考与练习

选择题

1. 关于 HTML 元素属性的描述中,错误的是(　　　)。

　　A. id 属性提供了元素在全文档内的唯一标识

　　B. class 属性用于将类似元素分类

    C. style 属性不可以将外观形式赋予一个特定元素

    D. title 属性在大多数浏览器中显示为工具提示

2. 在一个完整的 URL 中,用于向服务器传递额外信息的可选部分是(　　　)。

    A. 域名　　　　　　　　　　　　　B. 端口

    C. 查询参数　　　　　　　　　　　D. 片段标识符

3. 当服务器无法理解客户端发送的请求时,会返回(　　　)状态码。

    A. 400 Bad Request　　　　　　　B. 401 Unauthorized

    C. 404 Not Found　　　　　　　　D. 500 Internal Server Error

4. HTTP 的(　　　)请求方法用于向服务器请求获取特定资源的内容。

    A. HEAD　　　　　B. POST　　　　　C. PUT　　　　　D. GET

5. 如果想通过元素的标签名来定位元素,应该使用 Selenium 库的(　　　)方法。

    A. find_element_by_class_name　　　　　B. find_element_by_tag_name

    C. find_element_by_css_selector　　　　　D. find_element_by_name

判断题

1. 在 HTML 中,id 属性提供了元素的全局唯一标识。　　　　　　　　　(　　　)

2. GET 请求通常用于产生影响服务器状态的操作。　　　　　　　　　　(　　　)

3. 当服务器不支持客户端发送的请求方法时,应当返回状态码 501。　　(　　　)

4. 404 Not Found 状态码表示服务器成功处理了请求,但没有返回任何内容。(　　　)

5. 在 BeautifulSoup 库中,find_all()方法返回所有匹配的元素。　　　　(　　　)

简答题

1. JavaScript 与 HTML 的关系是什么?

2. Scrapy 框架的组件包括哪些?

3. 什么是网页的异步加载?

4. Selenium 库如何模拟点击一个按钮?

5. 使用 Python Requests 库发送 HTTP GET 请求的基本代码是什么?

章节实训:股票报告爬虫编写

实训目标

本章实训的目标网址为 https://data. eastmoney. com/report/stock. jshtml。爬取目标是该页面的个股研报表格,爬取结果可以用 TXT、CSV 等格式存储,至少包含"股票代码""股票简称""报告名称"3 个字段的数据。

实训思路

该网站使用异步加载的方式加载表格,所以提供以下两种思路。

1. 进入浏览器开发者模式分析网页加载过程,可以发现异步加载时请求数据的接口为 https://reportapi. eastmoney. com/report/list?cb=datatable3684874&industryCode= * &pageSize=50&industry = * &rating = &ratingChange = &beginTime = { }&endTime = 2022-08-07&pageNo={}&fields=&qType=0&orgCode=&code= * &rcode=&p=3&pageNum=

3&pageNumber=3&=1659858042675。其中,花括号部分为需要设置的参数,请读者探索这些参数的含义,并使用这个接口模板构建需要爬取的 url_list。得到 url_list 后,可以使用 Python 的 Requests 库遍历访问,并将结果分析提取到本地。也可以使用 Scrapy 框架来搭建爬虫,此时遍历访问的细节不需要手动编写。

2. 使用 Selenium 库来模拟人工点击翻页,每次翻页后提取页面中的目标内容。

爬取过程中需要注意控制请求发出的频率。

第3部分　数据预处理

第 **4** 章

数据预处理基础

在当今信息爆炸的时代,大数据已经成为了各行各业发展的重要推动力量。然而,大部分数据并没有被有效地利用。因此,如何从海量的数据中采集到有用的信息成为了大数据发展过程中的关键因素之一。

学习目标

本章学习目标如下。

(1) 理解数据预处理的概念和意义,包括提高数据质量、减少数据噪声、处理缺失值等。

(2) 能够区分不同类别的数据预处理工作,如数据清理、数据集成、数据归约和数据转换。

(3) 掌握数据清理的常用技术,包括内容格式错误数据处理、缺失值处理、噪声数据处理和重复数据处理等。

(4) 熟悉数据集成的概念和常见问题,如实体识别、冗余和冲突数据值的检测与处理。

(5) 了解数据归约的方法,包括维度归约、数量归约和数据压缩等。

(6) 掌握数据转换的技术,包括数据离散化、数据标准化、对数与指数变换及数据脱敏等。

4.1 概述

数据预处理(Data Preprocessing)在数据分析和机器学习中至关重要。在进行数据分析或者建立机器学习模型之前,往往需要对原始数据进行一系列的处理,以确保数据的质量和可用性。本节将对数据预处理的意义及分类进行详细介绍。

4.1.1 数据预处理的意义

数据预处理的主要目的是准备高质量的数据,以便后续的分析和建模工作顺利进行。在现实世界中,我们常会面对海量数据,而这些数据往往是杂乱的,主要表现为以下4个问题。

(1)不完整性:数据的不完整性意味着数据中存在缺失值或不确定的属性值。这可能是数据采集过程中的遗漏或者是数据本身的特性所致。例如,在一份客户数据中,某些客户的联系方式或者地址信息可能未填写或者填写不完整,这就导致了数据的不完整性。

(2)不一致性:数据的不一致性表现为数据来自不同的来源,导致数据定义缺乏统一标准,使得数据之间的内涵不一致。例如,在一个公司的销售数据中,不同地区的销售人员可能采用了不同的命名方式或者单位,导致同一属性的数据不一致。

(3)噪声:数据中的噪声指的是数据中存在异常值,即偏离期望值的数据点。这些异常值可能是测量误差、人为录入错误或者是数据采集过程中的异常情况所致。例如,在一份温度记录数据中,出现了一个明显偏离其他数据的极端温度值,这就是数据中存在的噪声。

(4)冗余:数据的冗余指的是数据记录或者属性中存在重复的信息。这可能是数据采集过程中的重复录入或者是数据本身的特性所致。例如,在一份学生信息表中,可能存在多条同一学生的重复记录,这就是数据的冗余。

由于现实世界中的数据往往存在以上问题,因此无法直接应用于数据挖掘(或者分析)工作中,或者即使应用了结果也不理想。为了解决这些问题,人们提出了数据预处理技术。数据预处理技术在进行数据挖掘之前使用,可以大大提高数据挖掘模型的质量,缩短实际挖掘信息所需的时间。

4.1.2　数据预处理的分类

数据预处理涉及多种工作,主要包括数据清理、数据集成、数据归约和数据转换,简要说明如下。

1. 数据清理

数据清理主要用于解决数据中存在的冗余和噪声等问题。数据清理的过程包括处理缺失值、异常值和重复值等。缺失值指数据中存在着未填写或未采集到的属性值,常用的处理方法包括删除缺失值、使用统计量或插值法填充缺失值。异常值指偏离期望值的数据点,可以使用统计方法来识别和处理异常值。重复值指数据记录中存在重复的信息,可以通过去除重复记录来解决。

2. 数据集成

数据集成是将不同来源、格式、性质的数据集合成一个整体的过程。在实际应用中,往往会面对来自不同数据库或系统的数据,这些数据可能具有不同的格式、结构和命名方式,需要进行集成和统一处理。数据集成的方法包括简单合并、连接操作和关联分析等,通过这些方法可以获取更全面和完整的数据集,为后续的分析和建模工作提供更丰富的信息。

3. 数据归约

数据归约是通过选择、抽样或聚合等方法来缩小数据规模的过程,其目的在于降低数据处理和存储的成本,同时保留数据的关键特征和信息。数据归约的方法包括属性选择、实例选择、聚类等。属性选择指选择对分析和建模最有价值的属性,可以使用特征选择算法来实现;实例选择指选择对问题具有代表性的数据样本,可以使用随机抽样或分层抽样等方法来实现;聚类是将相似的数据样本进行合并,以缩小数据规模并保留数据间的结构信息。

4. 数据转换

数据转换是将原始数据转换成适合分析和建模的形式的过程,其目的在于满足模型的需求和假设条件。数据转换的方法包括数据编码、数据离散化和数据变换等。数据编码用于将非数值型数据转换成数值型数据,常用的编码方法包括独热编码和标签编码;数据离散化用于将连续型数据转换成离散型数据,可以使用等宽分桶或等频分桶等方法;数据变换是指调整数据的分布或尺度,常用的变换方法包括幂次变换、对数变换和正态化处理等。

下面将逐一分析这 4 个流程。

4.2　数据清理

在数据分析和机器学习的实践中,数据清理(Data Cleaning)是一项至关重要的任务。数据往往充满了各种问题,如格式错误,以及存在缺失值、噪声和重复数据等。这些问题会影响数据分析的结论和模型预测的准确性,因此在进行任何数据处理之前,必须先对数据进行清理。下面将介绍数据清理的常用技术。

4.2.1　内容格式错误数据处理

数据中的内容格式错误可能导致数据分析的不准确和异常,因此需要进行相应的处理。这些错误包括数据类型不匹配、数据格式不正确等。例如,一个日期字段中可能存在着非日期格式的数据或者日期格式不一致的情况。解决这类问题的方法包括以下两种。

(1)数据类型转换:将错误的数据类型转换为正确的数据类型,例如将字符串类型转换为日期类型。

(2)数据格式规范化:对于格式不一致的数据,可以进行格式规范化处理,使其符合统一的格式标准。

4.2.2　缺失值处理

在获取信息和数据的过程中,会存在各类的原因导致数据丢失和空缺。针对这些缺失值,主要是基于变量的分布特性和变量的重要性(信息量和预测能力)采用不同的方法,分为以下 5 种。

(1)整例删除:剔除含有缺失值的样本。由于缺失值是广泛存在的,这种方法的结果可能导致有效样本量大大减少,无法充分利用已经收集的数据,因此只适合关键变量缺失,或者含有无效值、缺失值的样本比重很小的情况。

(2)删除变量:若变量的缺失率较高(大于 80%),覆盖率和重要性较低,可以直接将变量删除。这种方法减少了供分析的变量数目,但没有改变样本量。

（3）统计量填充：若缺失率较低（小于5%）且重要性较低，则根据数据分布的情况进行填充。对于数据符合均匀分布的情况，用该变量的均值填补缺失；对于数据存在倾斜分布的情况，采用中位数进行填补。这种方法简单，但没有充分考虑数据中已有的信息，误差可能较大。

（4）插值法填充：包括随机插值、多重插补、热平台插补、拉格朗日插值、牛顿插值等。由于调查、编码和录入误差，因此数据中可能存在一些无效值和缺失值，可以使用这种方法给予适当的处理。

（5）成对删除：用一个特殊码（通常是9、99、999等）代表无效值和缺失值，同时保留数据集中的全部变量和样本。但是，在具体计算时只采用有完整信息的样本，因而不同的分析因涉及的变量不同，其有效样本量也会有所不同。这是一种保守的处理方法，最大限度地保留了数据集中的可用信息。

4.2.3　噪声数据处理

数据中的噪声是与预期值明显偏离的异常数据点。噪声数据可能是测量误差、录入错误或其他异常情况导致的。处理噪声数据是数据预处理的一个重要步骤，以下介绍4种常用方法。

1. Z-score

Z-score是一种标准化方法，用于衡量数据点与平均值的偏离程度。Z-score表示数据点与平均值的标准差之间的差异，可以通过以下公式计算：

$$Z = \frac{(X - \mu)}{\sigma} \tag{4-1}$$

其中，X是数据点的值，μ是数据集的平均值，σ是数据集的标准差。

通常，Z-score大于3或小于-3的数据点被视为异常值。

2. 3σ原则

根据正态分布的性质，68%的数据应该在平均值的一个标准差内，95%的数据应该在平均值的两个标准差内，99.7%的数据应该在平均值的三个标准差内。因此，超出平均值的三个标准差范围的数据点可以被认为是异常值。

3. 回归

回归分析可以识别和处理数据中的噪声。通过拟合数据集的回归模型，可以识别异常值，并在模型拟合过程中对其进行修正或排除。

4. 聚类

聚类分析可以将数据点划分为具有相似特征的组。当数据点存在异常值时，可能会影响聚类结果，使得聚类中心偏离真实数据分布。通过聚类分析，可以识别出可能包含噪声的聚类群组，并进一步分析和处理异常值。

4.2.4　重复数据处理

重复值的存在会影响数据分析和挖掘结果的准确性，因此需要进行数据重复性的检验。数据库中所有属性值都相同的记录被认为是重复记录，可以通过判断记录间的属性值是否都相等来检测记录是否相等,相等的记录合并为一条记录。

4.3 数据集成

数据集成(Data Integration)将不同来源、格式、特点性质的数据在逻辑上或物理上有机地集中,以便进行更深入的分析、挖掘和应用。本节将探讨数据集成的一些关键问题,包括实体识别问题、冗余问题及冲突数据值的检测与处理。

4.3.1 实体识别问题

实体识别问题是数据集成过程中的首要任务之一。在不同的数据源中,相同的实体可能会以不同的方式表示,这可能导致数据集成的困难。例如,一个人的姓名可能在一个数据源中以 John Smith 的形式出现,在另一个数据源中以 J. Smith 的形式出现。因此,实体识别的目标是确定不同数据源中的实体是否表示相同的事物。

为了解决实体识别问题,常常需要手工比较或者利用各种技术,如基于规则的匹配、字符串相似度度量等。这些技术可以帮助自动识别和匹配不同数据源中的实体,并将它们关联起来,以便进行后续的数据整合和分析。

4.3.2 冗余问题

冗余数据指在不同的数据源中重复出现的信息,这可能会导致数据集成后的数据集过于庞大,增加存储成本,并且降低数据分析的效率。例如在设计数据库时,某一个字段属于一个表,但它又同时出现在另一个表或多个表中,且完全等同于在其所属表的意义表示,那么这个字段就是一个冗余字段。数据库规范化防止了冗余且不浪费存储容量。适当地使用外键可以使数据冗余和异常降到最低。但是,如果考虑效率和便利,有时也会设计冗余数据。

4.3.3 冲突数据值的检测与处理

在数据集成的过程中,冲突数据值是一个常见且关键的问题。不同数据源可能提供了针对实体相同属性的不同取值,这可能是因为表现形式、单位、格式的不同。

冲突数据值可能会导致数据的不一致性和误导性。因此,有效地检测与处理冲突数据值至关重要,以确保数据集成后的结果质量和可信度。

4.4 数据归约

数据归约指在尽可能保持数据原貌的前提下,最大限度地精简数据量(完成该任务的必要前提是理解挖掘任务和熟悉数据本身内容)。

假定在公司的数据仓库中选择了数据用于分析,这样数据集将非常大。在海量数据上进行复杂的数据分析扣挖掘将需要很长时间,使得这种分析不现实或不可行。数据归约技术可以得到数据集的归约表示,它小得多,但仍接近地保持原数据的完整性。这样,在归约后的数据集上进行挖掘将更有效,并产生几乎相同的分析结果。

4.4.1 维度归约

维度归约指减少数据的特征维度,即减少数据中特征的数量和复杂度,以简化数据表示并提高数据处理效率。在实际应用中,数据集中可能包含大量的特征,而其中许多特征可能是冗余的或无关的,导致了维度灾难问题。

维度归约的目标是在保持数据信息的同时,减少数据的维度。常见的维度归约方法包括小波变换、特征选择和特征提取等,具体如下。

(1)小波变换:可以保留大于用户设定的阈值的所有小波系数,其他系数设置为0。结果数据表示非常稀疏,计算速度将会很快,同时可以消除噪声,不会光滑掉数据的主要特征。

(2)特征选择:指从原始特征集中选择出最具代表性或最相关的特征子集,以保留数据的重要信息并减少维度。常用的特征选择方法包括过滤法、包装法和嵌入法等。

(3)特征提取:通过转换原始特征空间,将其映射到一个新的低维度空间,以保留数据的重要信息并减少维度。常见的特征提取方法包括奇异值分解(SVD)、独立成分分析(ICA)和自编码器等。

维度归约可以帮助提高数据处理和分析的效率,减少存储和计算成本,并且有助于发现数据中的隐藏模式和结构。

4.4.2 数量归约

数量归约指减少数据中样本的数量,以简化数据集合并提高数据处理效率。数量归约的主要目标是在保持数据代表性的前提下,减少数据规模。常见的数量归约方法包括抽样、聚合和直方图等,具体如下。

(1)抽样:从原始数据集中选择出一部分样本作为代表性子集。常用的抽样方法包括随机抽样、分层抽样和集群抽样等。

(2)聚合:将原始数据中的多个样本合并为一个更大的样本。常见的聚合方法包括求和、取平均值、取最大值和取最小值等。

(3)直方图:一种流行的数量归约方法,它会将给定属性的数据分布划分为不相交的子集或桶(给定属性值的一个连续区间)。

数量归约可以帮助降低数据的复杂度和规模,提高数据处理和分析的效率,特别是在处理大规模数据时具有重要意义。

4.4.3 数据压缩

数据压缩是通过压缩算法将原始数据表示为更紧凑的形式,以减少数据的存储空间和传输带宽。数据压缩的目标是在尽可能保留数据信息的同时,减少数据的存储和传输成本。常见的数据压缩方法包括无损压缩和有损压缩,具体如下。

(1)无损压缩:可以减少数据的存储空间和传输带宽,在解压缩后能够完全恢复原始数据,不会丢失任何信息。常见的无损压缩方法包括哈夫曼编码、LZW 算法和 DEFLATE 算法等。

（2）有损压缩：可以显著减少数据的存储空间和传输带宽，但在解压缩后可能会丢失部分信息。有损压缩通常适用于对数据精度要求不高的场景，如音频、视频和图像等。常见的有损压缩方法包括 JPEG、MPEG 和 MP3 等。

数据压缩可以帮助减少数据的存储和传输成本，提高数据处理和传输的效率，特别是在网络传输和大规模数据存储方面具有重要意义。

4.5　数据转换

数据转换是数据预处理的重要环节，旨在将原始数据转换为更适合分析和建模的形式。本节将介绍数据转换方法和应用。

4.5.1　数据离散化

数据离散化是一种重要的数据处理技术，其核心目的是将原本在某一连续区间内取值的数据（如身高、体重、温度等）转换为在有限个类别或区间内取值的离散型数据。这一过程不仅限于简单的数值截断或分箱处理，更涉及根据数据的实际分布特性和分析需求，科学合理地划分数据范围，以实现更高效、更直观的数据分析和挖掘。

在数据分析的领域中，数据离散化扮演着至关重要的角色。首先，它极大地简化了数据分析的复杂度。面对海量的连续型数据，直接进行分析往往耗时、耗力且难以洞察其背后的深层规律。而通过离散化处理，可以将连续的数据点归并为有限的几个类别或区间，从而减少数据处理的维度，使得后续的分析工作更加高效。

其次，数据离散化有助于降低计算成本。在机器学习、数据挖掘等领域，许多算法在处理连续型数据时可能会遇到计算量大、收敛速度慢等问题。通过将连续型数据离散化，可以减少算法需要处理的数值范围，提高计算效率，加快模型的训练和优化过程。

此外，数据离散化还有助于发现数据中的模式和规律。连续型数据往往包含大量的细节信息，这些信息在某种程度上可能会掩盖数据的整体趋势和潜在模式。通过离散化处理，可以去除数据中的噪声和冗余信息，突出数据的主要特征和规律，使分析人员更容易发现数据背后的故事和趋势。

一个典型的数据离散化案例如表 4-1 所示，利用 Python 可以将日期数据（time 字段）离散化为星期几的形式（weekday 字段）。特别需要注意的是 Python 语言的 datetime 类返回的星期一是 0，星期二是 1，以此类推，星期日是 6。

表 4-1　数据离散化示例

uid	orderNumber	time	weekday
1	10001	2001/7/20　11:12	4
2	10002	2007/9/22　19:35	5
3	10003	2019/6/15　19:06	5
4	10004	2002/8/17　　4:32	5
5	10005	2012/10/20 13:19	5

　　常见的数据离散化方法包括等宽离散化、等频离散化和基于聚类的离散化等,具体如下。

　　(1) 等宽离散化:将连续型数据按照固定宽度的区间进行划分,使得每个区间的数据分布相对均匀。这种方法简单直观,但可能导致不同区间数据密度不均匀。

　　(2) 等频离散化:将连续型数据划分为固定数量的区间,使得每个区间中包含近似数量的数据样本。这种方法可以保证每个区间中的数据密度相对均匀,但可能导致区间间距不均匀。

　　(3) 基于聚类的离散化:利用聚类算法,如 K 均值聚类或 DBSCAN,对连续型数据进行聚类分析,然后将每个簇作为一个离散化的类别。这种方法可以根据数据的内在分布进行离散化,但需要选择合适的聚类算法和参数。

4.5.2　数据标准化

　　数据标准化是将数据转换为具有特定分布或特征的形式,以便更好地满足建模和分析的需求。常见的数据标准化方法包括 Z-score 标准化、最小-最大标准化和 Robust 标准化等。

1. Z-score 标准化

　　Z-score 标准化的转换公式见式(4-1)。其中,X 是数据点的值,μ 是数据集的平均值,σ 是数据集的标准差。它将原始数据转换为均值为 0、标准差为 1 的标准正态分布。这种方法适用于大多数情况,但对于存在极端值的数据可能效果不佳。

　　假设有一串数字[10,20,30,40,50],需要对它们进行 Z-score 标准化,简单的计算过程如表 4-2 所示。

表 4-2　Z-score 标准化示例

步骤	描　述	公　式	计　算　过　程
1	计算原始数据均值 μ	$\mu = \dfrac{1}{n}\sum\limits_{i=1}^{n} X_i$	$\mu = \dfrac{1}{5}(10+20+30+40+50)=30$
2	计算原始数据标准差 σ	$\sigma = \sqrt{\dfrac{1}{n}\sum\limits_{i=1}^{n}(X_i-\mu)^2}$	$\sigma = \sqrt{\dfrac{1}{5}\sum\limits_{i=1}^{5}(X_i-30)^2} = 14.142$
3	计算第一个数据点的 Z-score	$Z_i = \dfrac{(X_i-\mu)}{\sigma}$	$Z_{10} = \dfrac{(10-30)}{14.142} = -1.414$
4	计算剩余数据点的 Z-score	$Z_i = \dfrac{(X_i-\mu)}{\sigma}$	$Z_{20}=-0.707, Z_{30}=0$ $Z_{40}=-0.707, Z_{50}=-1.414$
5	计算标准化数据均值 μ	$\mu = \dfrac{1}{n}\sum\limits_{i=1}^{n} X_i$	$\mu=0$
6	计算标准化数据标准差 σ_z	$\sigma_z = \sqrt{\dfrac{1}{n}\sum\limits_{i=1}^{n}(Z_i-\mu)^2}$	$\sigma_z = \sqrt{\dfrac{1}{5}\sum\limits_{i=1}^{5}(Z_i-0)^2} = 1$

　　[10,20,30,40,50]标准化后为[−1.414,−0.707,0,−0.707,−1.414],均值为 0,标准差为 1,可以用于比较或进一步的统计分析。

2. 最小-最大标准化

最小-最大标准化的转换公式如下:

$$X^* = \frac{(X - X_{\min})}{(X_{\max} - X_{\min})}$$

其中,X 是数据点的值,$X_{\max}$ 是属性的最大值,$X_{\min}$ 是属性的最小值。它将原始数据线性变换到指定的区间,通常这个区间是[0,1],但也可以是其他任何区间,如[-1,1]。

这种方法保留了原始数据的分布和顺序关系,适合数据分布相对均匀的情况,特别适用于当数据的绝对数值大小和单位不一致时,需要将它们转换到同一尺度上进行比较或计算的情况。

假设有一串数字[10,20,30,40,50],需要对它们进行最小-最大标准化,简单的计算过程如表4-3所示。

表 4-3　最小-最大标准化示例

步骤	描　　述	公　　式	计 算 过 程
1	计算原始数据均值 μ	$\mu = \frac{1}{n}\sum_{i=1}^{n} X_i$	$\mu = \frac{1}{5}(10+20+30+40+50) = 30$
2	计算原始数据标准差 σ	$\sigma = \sqrt{\frac{1}{n}\sum_{i=1}^{n}(X_i - \mu)^2}$	$\sigma = \sqrt{\frac{1}{5}\sum_{i=1}^{5}(X_i - 30)^2} = 14.142$
3	确定最小值和最大值	$X_{\max} = \text{Max}(x)$ $X_{\min} = \text{Min}(x)$	$X_{\max} = 50$ $X_{\min} = 10$
4	标准化第一个数据	$X_i^* = \frac{(X_i - X_{\min})}{(X_{\max} - X_{\min})}$	$X_1^* = \frac{(10-10)}{(50-10)} = 0$
5	标准化其余数据	$X_i^* = \frac{(X_i - X_{\min})}{(X_{\max} - X_{\min})}$	$X_2^* = 0.25, X_3^* = 0.50$ $X_4^* = 0.75, X_5^* = 1.00$
6	计算标准化数据均值 μ^*	$\mu^* = \frac{1}{n}\sum_{i=1}^{n} X_i^*$	$\mu^* = 0.50$
7	计算标准化数据标准差 σ^*	$\sigma^* = \sqrt{\frac{1}{n}\sum_{i=1}^{n}(X_i^* - \mu^*)^2}$	$\sigma^* = \sqrt{\frac{1}{5}\sum_{i=1}^{5}(X_i^* - 0)^2} = 0.354$

3. Robust 标准化

此方法将原始数据转换为具有鲁棒性的分布,不受极端值的影响。这种方法使用中位数和四分位数代替均值和标准差进行标准化,适用于存在极端值的数据。

数据标准化可以消除数据的量纲效应,提高模型稳定性,并且有助于比较不同尺度和单位的数据。

4.5.3　对数变换与指数变换

在原始数据中,总是存在偏态数据。在左偏分布中,概率分布左侧的尾部比右侧更长或更粗。在右偏分布中,右侧的尾部比左侧更长或更粗。

对数变换与指数变换是常用的数据转换方法,旨在改变数据的分布形式以满足建模和分析的需求,具体如下。

（1）对数变换：将原始数据取对数，通常使用自然对数或以10为底的对数。这种变换可以有效地压缩数据的尺度，使分布更接近正态分布，适用于处理右偏分布的数据。如图4-1所示，对数变换将本来右偏的数据处理为近似于正态分布的数据。

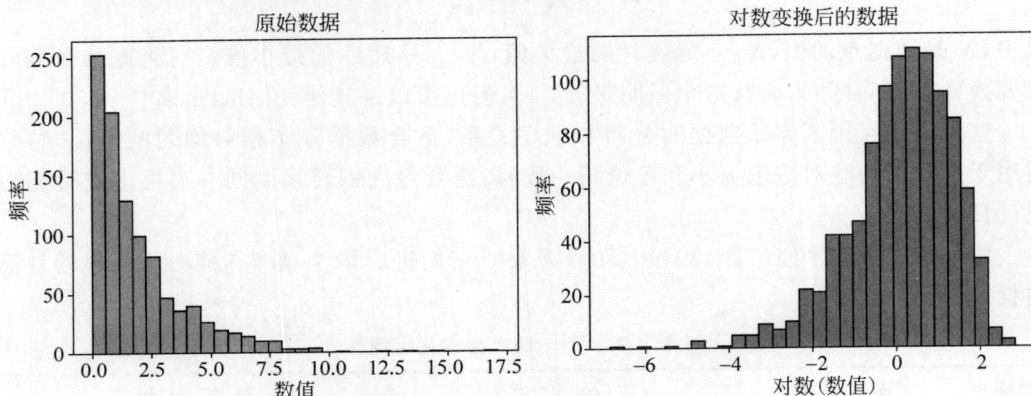

图 4-1　对数变换数据示例

（2）指数变换：将原始数据进行指数运算，通常使用 e 的指数。这种变换可以拉伸数据的尺度，使分布更接近正态分布，适用于处理左偏分布的数据。

对数变换与指数变换可以帮助改变数据的分布形式，使其更适合建模和分析。

4.5.4　数据脱敏

数据脱敏（Data Masking）是一种保护敏感信息的方法，旨在通过对数据进行修改或处理防止敏感信息泄露。通过对数据进行加密、替换、删除等，使原始数据无法直接识别，从而降低数据泄露的风险。

1. 数据脱敏的重要性

随着数据在互联网和各种信息系统中的广泛应用，数据泄露和隐私侵犯的风险也日益增加。许多数据中包含了用户的个人身份信息、财务信息、医疗记录等敏感信息，一旦这些信息被非法获取或滥用，将会造成严重的后果，包括个人隐私泄露、金融诈骗、身份盗用等。因此，对于包含敏感信息的数据，必须采取有效的措施，而数据脱敏就是其中一种重要的手段。

2. 数据脱敏的原则

（1）最小化脱敏范围。只对必要的数据进行脱敏，避免脱敏过程中数据的不必要暴露。只有包含敏感信息的字段才需要进行脱敏处理，而不相关的字段则应该保持原样。

（2）最大程度保留数据的有效性和可用性。在脱敏过程中，尽量保留数据的格式、结构和关键特征，以确保脱敏后的数据仍然具有足够的有效性和可用性。脱敏后的数据应该能够满足业务需求和分析需求。

（3）使用安全的脱敏算法和技术。选择安全可靠的脱敏算法和技术，确保数据脱敏的过程和结果不会被轻易破解或逆向推导出原始数据。

（4）保持脱敏后的数据一致性和完整性。在进行数据脱敏时，需要确保脱敏后的数据仍然保持一致性和完整性,不会因为脱敏而导致数据的错误或不一致。脱敏后的数据应该能够正确地反映原始数据的特征和关系。例如,出生年月和出生日期有关联,身份证信息脱敏后需要保证出生年月字段和身份证中包含的出生日期的一致性。

3. 数据脱敏的分类

数据脱敏从技术上可以分为静态数据脱敏(SDM)和动态数据脱敏(DDM)两种。静态数据脱敏一般应用于数据外发场景,例如需要将生产数据导出发送给开发人员、测试人员、分析人员等;动态脱敏一般应用于直接连接生产数据的场景,例如运维人员直接连接生产数据库进行运维,客服人员通过应用直接调取生产中的个人信息等。

4. 数据脱敏的方法

(1)无效化。通过对字段数据值进行截断、加密、隐藏等让敏感数据脱敏,使其不再具有利用价值。一般采用特殊字符(如 * 等)代替真值,例如让手机号码成为“188 ****** 90”的形式。这种隐藏敏感数据的方法很简单,但缺点是用户无法得知原始数据的格式。

(2)随机值。用随机值替换真值的方式来改变敏感数据,这种方法的优点在于可以在一定程度上保留原始数据的格式,并且用户不易察觉。

(3)数据替换。数据替换与无效化方法比较相似,不同的是这里不以特殊字符进行遮挡,而是用一个设定的固定的虚拟值替换真值。例如将手机号统一设置成“10000000000”。

(4)对称加密。对称加密是一种特殊的可逆脱敏方法,通过加密密钥和算法对敏感数据进行加密,密文格式与原始数据在逻辑规则上一致,通过密钥解密可以恢复原始数据,需要注意的是密钥的安全性。

(5)偏移和取整。这种方法通过随机移位改变数字数据。偏移和取整在保持数据的安全性的同时保证了范围的大致真实性,比前几种方法更接近真实数据,在大数据分析场景中意义比较大。

思考与练习

选择题

1. 在现实世界中,未经过处理的原始数据的特征不包括( )。
   A. 完整性　　　　　　B. 不一致性　　　　　C. 噪声　　　　　　　D. 冗余

2. ( )是数据预处理的工作。
   A. 数据预测　　　　　　　　　　　B. 数据采集
   C. 数据归约　　　　　　　　　　　D. 数据可视化

3. 数据清理中噪声数据的定义是( )。
   A. 数据中的异常值　　　　　　　　B. 数据中的重复值
   C. 数据中的缺失值　　　　　　　　D. 数据中的格式错误值

4. 数据集成的关键问题不包括( )。
   A. 实体识别问题　　　　　　　　　B. 冗余问题
   C. 冲突数据值检测与处理　　　　　D. 数据归约

5. 保留原始数据的分布和顺序关系,适用于数据分布相对均匀的情况的数据标准化方法是(　　　)。

        A. Z-score 标准化　　　　　　　　B. 最小-最大标准化

        C. Robust 标准化　　　　　　　　　D. 正态化

判断题

1. 为了保护数据的正确性,对数据进行脱敏是不必要的。　　　　　　　(　　　)

2. 数据清理中噪声数据指的是数据中的缺失值。　　　　　　　　　　(　　　)

3. 实体识别问题是数据集成的关键问题。　　　　　　　　　　　　　(　　　)

4. JPG 图片格式使用无损压缩算法。　　　　　　　　　　　　　　　(　　　)

5. 有损压缩通常适用于数据量庞大、数据质量要求不高且需要节省存储空间和传输带宽的场景。　　　　　　　　　　　　　　　　　　　　　　　　　　(　　　)

简答题

1. 为什么要对数据进行脱敏?

2. 数据清理中删除变量的适用场景是什么?

3. 什么是冗余数据? 它可能对数据处理造成的影响是什么?

4. 数据脱敏在技术上的分类以及各自的适用场景?

5. 数据离散化是什么? 它的主要作用是什么?

章节实训：文本数据预处理

实训目标

本章实训的目标网址为 https://pan.baidu.com/s/14iy5vLUtISYJo-M5SQtPHQ,提取码为 1234。这是一个文本文档,文件名为 weibo.txt,每一行文本为一条评论及相关信息,分别是经纬度、文本、发布时间,用\t 隔开。

实训目标是对每一行文本去除噪声,并且需要注意经纬度和时间格式是否正确,如果经纬度和时间格式不正确,则删除这一行文本。接着将每一行文本的时间用离散化处理为星期几的形式,并用\t 隔开附在每一行文本的最后。最终输出为完整的 weiboNew.txt 文件。

使用分词、情感词典等技术,比较文本的情感比例在 weibo.txt 和 weiboNew.txt 的差别。

实训思路

通过使用 Python 逐行读取 TXT 文件中的内容,用 split()函数提取出文本,主要的噪声就是"["、"]"及其包含的内容。

时间格式的判断除了常见的月份和每月包含的日期,还需要判断闰年的 2 月是否正确。如果不正确,则删除这一行评论。

可以使用 jieba 库、停用词表和各个网站已经整理好的情感词典对所有文本的情感比例进行统计,从而观察数据预处理前后文本的情感变化,最终深刻理解数据预处理的必要性。

第 5 章

Python数据预处理

本章将介绍 Python 中的数据预处理和分析库——NumPy 和 Pandas。通过学习本章，读者将获得 Python 中数据预处理的基本技能，为后续的数据分析和挖掘工作打下坚实基础。

学习目标

本章的学习目标如下：

（1）了解和掌握科学计算库 NumPy 的基本概念、安装方法，以及数据结构与索引的使用方法。

（2）掌握 NumPy 中常用的数据类型与转换方法，以及数学运算和常用数学函数的使用。

（3）熟悉 NumPy 对缺失值、异常值和重复值的处理方法。

（4）了解数据分析库 Pandas 的基本概念、安装方法，以及数据结构与索引的使用。

（5）掌握 Pandas 中数据类型与转换的方法，以及数据输入与输出的操作。

（6）熟悉 Pandas 中常用的数学函数，以及对缺失值、异常值和重复值的处理方法。

（7）掌握 apply()函数的使用，了解 Pandas 数据分组和数据合并的操作。

5.1 科学计算库 NumPy

5.1.1 NumPy 介绍与安装

NumPy(Numerical Python)是 Python 中用于科学计算的基础库之一。它提供了强大的多维数组对象和各种数组操作函数，是进行数据处理和分析的核心工具之一。

NumPy 的前身 Numeric 由 Jim Hugunin 与其他协作者共同开发。2005 年，Travis Oliphant 在 Numeric 中结合了另一个同性质的程序库 Numarray 的特色，并加入了其他扩展而开发了 NumPy。NumPy 是开源的，由许多协作者共同维护开发。

NumPy 可以高效地存储和处理大型矩阵，比 Python 自身的嵌套列表结构更高效。

它提供了多维数组对象、派生对象(如掩码数组和矩阵)及用于快速操作数组的各种例程,包括数学、逻辑、形状操作、排序、选择、输入与输出、离散傅里叶变换、基本线性代数、基本统计运算、随机模拟等。

通常通过 Python 的包管理工具 pip 安装 NumPy,可以在终端或命令提示符下使用以下命令:

```
pip install numpy
```

5.1.2　NumPy 的数据结构与索引

本节将介绍 NumPy 中的核心数据结构及其如何进行索引。

1. NumPy 的数据结构

NumPy 的核心是 ndarray(N-dimensional array)对象,它是一个多维数组,具有相同类型和大小的元素网格。ndarray 与原生 Python 列表的特性对比如表 5-1 所示。

表 5-1　ndarray 与原生 Python 列表的特性对比

特　性	ndarray	原生 Python 列表
数据类型	所有元素类型相同	元素类型可以不同
维度	多维	一维
内存管理	连续的内存块	非连续的内存块
性能	更高效的运算和内存使用	运算速度较慢,内存占用较大
算术运算	支持广播机制和矩阵运算	不支持广播机制,仅能进行元素级别的运算
功能扩展	提供了丰富的数学函数库和广播功能	功能较为有限,需要使用循环等方法来实现
对象类型和方法	具有更多针对数组操作的方法和属性	具有适用于列表的方法和属性
应用场景	科学计算、数据处理和数值计算	一般用于常规的数据存储和操作

ndarray 内部由以下 4 部分组成。

(1)一个指向数据(内存或内存映射文件中的一块数据)的指针。

(2)数据类型(dtype),描述在数组中的固定大小值的格子。

(3)一个表示数组形状(shape)的元组,描述了各维度大小。

(4)一个跨度(stride)元组,其中的整数指为了前进到当前维度的下一个元素需要"跨过"的字节数。

只需要调用 NumPy 的 array()函数即可创建一个 ndarray:

```
numpy.array(object, dtype = None, copy = True, order = None, subok = False, ndmin = 0)
```

ndarray 的部分参数说明如表 5-2 所示。

表 5-2　ndarray 的部分参数说明

参　数　名　称	描　　　述
object	数组或嵌套的数列
dtype	数组元素的数据类型,可选
copy	对象是否需要复制,可选

参 数 名 称	描　　述
order	创建数组的样式，C 为行方向，F 为列方向，A 为任意方向（默认）
subok	默认返回一个与基类类型一致的数组
ndmin	指定生成数组的最小维度
shape	数组形状

下面的示例创建了一个 ndarray，指定了最小维度为 2。

```
import numpy as np
a = np.array([2, 0, 2, 4], ndmin = 2)
print (a)
```

输出如下。读者可以根据自己的需要，创建相应的 ndarray。

```
[[2 0 2 4]]
```

在 NumPy 中使用 zeros()函数、ones()函数、empty()函数能够基于指定数值创建数组。其中，zeros()函数用于创建元素值都为 0 的数组，ones()函数用于创建元素值都为 1 的数组，empty()函数用于创建元素值都为随机数的数组。zeros()函数、ones()函数、empty()函数的语法格式如下：

```
numpy.zeros(shape, dtype = float, order = 'C')
numpy.ones(shape, dtype = None, order = 'C')
numpy.empty(shape, dtype = float, order = 'C')
```

以上 3 个函数都接收相同的参数。对 zeros()函数的演示如下：

```
import numpy as np
# 默认为浮点数
x = np.zeros((4,4))
print(x)
```

输出如下：

```
[[0. 0. 0. 0.]
 [0. 0. 0. 0.]
 [0. 0. 0. 0.]
 [0. 0. 0. 0.]]
```

还可以通过指定数值范围创建数组。NumPy 包中使用 arange()函数创建数值范围并返回 ndarray 对象，函数格式如下：

```
numpy.arange(start, stop, step, dtype)
```

起始值 start 默认为 0，步长 step 默认为 1。示例代码如下：

```
import numpy as np
x = np.arange(5)
print (x)
```

输出如下：

```
[0 1 2 3 4]
```

此外，linspace()函数用于创建一个一维数组，该数组是由一个等差数列构成的，函数格式如下：

```
np.linspace(start, stop, num = 50, endpoint = True, retstep = False, dtype = None)
```

示例代码如下：

```
import numpy as np
a = np.linspace(1,10,10)
print(a)
```

输出如下：

```
[ 1. 2. 3. 4. 5. 6. 7. 8. 9. 10.]
```

2. NumPy 的索引

通过索引，可以对 ndarray 进行高效的元素访问和操作。NumPy 数组的索引是从 0 开始的。ndarray 对象的内容可以通过索引或切片来访问和修改，与 Python 中 list 的切片操作一样。NumPy 索引种类如表 5-3 所示。

表 5-3　NumPy 索引种类（以数组 arr[1 2 3 4]为例）

索引种类	描　　述	示 例 代 码	输出结果
基本索引	通过指定索引值来访问数组元素	arr[1]	2
切片索引	通过指定索引范围来访问数组的连续子集	arr[1:4]	[2 3 4]
布尔索引	使用布尔数组来索引，布尔值为 True 的元素会被选取	arr[arr > 3]	[4]
花式索引	使用数组来索引，数组中的每个值对应原数组中的一个索引	arr[[1, 2, 3]]	[2 3 4]

同时，对于二维数组，也可以通过索引特定位置及特定范围的元素。示例代码如下所示，读者可以根据需要编写代码。

```
import numpy as np
arr = np.array([[1, 2, 3], [4, 5, 6], [7, 8, 9]])
# 访问第二行第三列的元素
element = arr[1, 2]              # 输出将是 6
# 使用切片访问第二行和第三行的所有列
rows = arr[1:3]                 # 输出将是 [[4, 5, 6], [7, 8, 9]]
# 使用切片访问第一列的所有行
columns = arr[:, 0]            # 输出将是 [1, 4, 7]
# 使用切片和索引访问第二行和第三行的第一列和第三列
sub_array = arr[1:3, 0:3:2]    # 输出将是 [[4, 6], [7, 9]]
```

5.1.3　NumPy 的数据类型与转换

NumPy 支持的数据类型比 Python 内置的类型多，基本上可以和 C 语言的数据类型对应，其中部分类型对应为 Python 内置的类型。表 5-4 列举了常用的 NumPy 的基本数据类型。

表 5-4　常用的 NumPy 的基本数据类型

名　　称	描　　述
bool_	布尔型数据类型（True 或者 False）
int_	默认的整数类型（类似于 C 语言中的 long、int32 或 int64）
intc	与 C 的 int 类型一样，一般是 int32 或 int 64
intp	用于索引的整数类型（类似于 C 的 ssize_t，一般情况下仍然是 int32 或 int64）
int8	字节（−128～127）
int16	整数（−32768～32767）
int32	整数（−2147483648～2147483647）
int64	整数（−9223372036854775808～9223372036854775807）
uint8	无符号整数（0～255）
uint16	无符号整数（0～65535）
uint32	无符号整数（0～4294967295）
uint64	无符号整数（0～18446744073709551615）
float_	float64 类型的简写
float16	半精度浮点数，包括 1 个符号位、5 个指数位和 10 个尾数位
float32	单精度浮点数，包括 1 个符号位、8 个指数位和 23 个尾数位
float64	双精度浮点数，包括 1 个符号位、11 个指数位和 52 个尾数位
complex_	complex128 类型的简写，即 128 位复数
complex64	复数，表示双 32 位浮点数（实数部分和虚数部分）
complex128	复数，表示双 64 位浮点数（实数部分和虚数部分）

在 NumPy 中，可以通过以下 3 种方法转换数组的数据类型。

（1）显式类型转换：使用 dtype 参数或 astype() 函数可以显式地将数组转换为指定的数据类型。示例代码如下：

```
import numpy as np
# 创建一个浮点型数组
float_array = np.array([1.0, 2.0, 3.0], dtype = np.float64)
# 显式转换为整型
int_array = float_array.astype(np.int32)
# 输出结果为[1 2 3]
```

（2）隐式类型转换：在进行算术运算时，NumPy 会自动进行类型转换以确保结果的精度。示例代码如下：

```
# 整数和浮点数的加法,整数会自动转换为浮点数
result = np.int32(1) + 2.0
print(result.dtype)
# 输出:float64
```

（3）使用 np.dtype：np.dtype 可以用来查询数组的数据类型，或者创建一个新的数据类型对象。示例代码如下：

```
# 创建一个浮点型数组
float_array = np.array([1,2,3],dtype = float)
# 查询数组的数据类型
dtype = float_array.dtype
print(dtype) # 输出:float64
# 创建一个新的数据类型对象
new_dtype = np.dtype(np.int64)
```

注意,当进行数据类型转换时,如果目标类型不能容纳源类型的数据范围,则可能会发生溢出或精度损失;某些类型转换可能需要显式地指定,因为 NumPy 不会自动进行不安全的转换;使用 astype() 函数进行类型转换时,如果不再需要原数组,可以指定 copy = False 来避免不必要的内存分配,此时原数组会被新数组覆盖。

5.1.4　NumPy 的数学运算

NumPy 是 Python 中基于数组对象的科学计算库,接下来着重介绍 NumPy 在计算方面的功能。

以下是 NumPy 数组进行基本算术运算的示例,包括加法、减法、乘法、除法及开方(平方根)。假设有以下两个 NumPy 数组:

```
import numpy as np
# 创建两个数组
a = np.array([1, 2, 3, 4])
b = np.array([5, 6, 7, 8])
```

NumPy 的基本运算示例如表 5-5 所示。

表 5-5　NumPy 的基本运算示例

运 算 类 型	示 例 代 码	输 出 结 果
数组加法	a + b	[6, 8, 10, 12]
数组减法	a − b	[−4, −4, −4, −4]
数组乘法	a * b	[5, 12, 21, 32]
数组除法	a / b	[0.2, 0.33333333, 0.42857143, 0.5]
数组开方	np.sqrt(a)	[1., 1.41421356, 1.73205081, 2.]

5.1.5　NumPy 常用的数学函数

下面介绍 NumPy 常用的数学函数。NumPy 提供了强大的多维数组对象和各种数组操作函数,是进行数据处理和分析的核心工具之一。

NumPy 的常见数学函数如表 5-6 所示。读者可以根据需要调用相应的数学函数。

表 5-6　NumPy 的常见数学函数

函 数 名 称	功 能 描 述	示 例 代 码	输 出 结 果
np.abs(x)	计算数组元素的绝对值	np.abs([−1, 1, −2, 2])	[1 1 2 2]
np.sqrt(x)	计算数组元素的平方根	np.sqrt([1, 4, 9])	[1. 2. 3.]

续表

函 数 名 称	功 能 描 述	示 例 代 码	输 出 结 果
np. exp(x)	计算自然指数 e 的 x 次幂	np. exp([0, 1, 2])	[1. 2.71828183 7.3890561]
np. log(x)	计算自然对数	np. log([1, 2.718, 7.389])	[0. 1. 2.]
np. sin(x)	计算正弦值	np. sin([0, np. pi/2, np. pi])	[0. 1. 0.]
np. cos(x)	计算余弦值	np. cos([0, np. pi/2, np. pi])	[1. 0. −1.]
np. tan(x)	计算正切值	np. tan([0, np. pi/4, np. pi/2])	[0. 1. 16331239353184068]
np. power(x, y)	计算 x 的 y 次幂	np. power([2, 3], [3, 2])	[8 9]
np. cumsum(x)	计算累积和	np. cumsum([1, 2, 3, 4])	[1 3 6 10]
np. cumprod(x)	计算累积乘积	np. cumprod([1, 2, 3, 4])	[1 2 6 24]

5.1.6　Numpy 缺失值、异常值和重复值的处理

1. 缺失值处理

在 Numpy 中,缺失值通常不直接表示,但可以使用特定的数值(如 np. nan)来模拟。
检测缺失值的代码如下:

```
import numpy as np
data = np.array([1, 2, np.nan, 4])
mask = np.isnan(data)
# 输出 mask
[False False True False]
```

填充缺失值的代码如下:

```
# 使用特定值填充,例如 0
data_filled = np.nan_to_num(data, nan = 0)
# 输出 data_filled
[1. 2. 0. 4.]
```

删除缺失值的代码如下:

```
data_clean = data[~mask]
# 输出 data_clean
[1. 2. 4.]
```

2. 异常值处理

异常值指那些明显偏离数据集中其他值的点。处理异常值没有统一的方法,通常需要根据数据和领域知识来决定。
使用标准差或四分位数范围的代码如下:

```
data = np.array([1, 2, 5432, 4])
Q1 = np.percentile(data, 25)
Q3 = np.percentile(data, 75)
IQR = Q3 − Q1
mask = (data < (Q1 − 1.5 * IQR)) | (data > (Q3 + 1.5 * IQR))
```

```
# 输出 mask
[False False True False]
```

替换异常值的代码如下：

```
# np.median 是计算数组的中位数的方法
data_clean = np.where(mask, np.median(data), data)
# 输出 data_clean
[1. 2. 3. 4.]
```

删除异常值的代码如下：

```
data_clean = data[~mask]
# 输出 data_clean
[1 2 4]
```

3. 重复值处理

重复值指数据集中出现多次的相同值。处理重复值通常涉及检测和删除这些值。检测重复值的代码如下：

```
data = np.array([1, 2, 5432, 4, 4, 6, 1])
unique, counts = np.unique(data, return_counts = True)
duplicates = unique[counts > 1]
# 输出 duplicates
[1 4]
```

删除所有重复值的代码如下：

```
indices = np.where(np.isin(data, duplicates))[0]
data_unique = np.delete(data, indices)
# 输出 data_unique
[   2 5432    6]
```

5.2　数据分析库 Pandas

Pandas 是一个开源的数据分析和数据处理库，它提供了易于使用的数据结构和数据分析工具，特别适用于处理结构化数据，如表格型数据（类似于 Excel 表格）。Pandas 广泛应用在金融、统计学等各个数据分析领域。

5.2.1　Pandas 介绍与安装

Pandas 作为 Python 数据科学与分析领域内的一个重要工具，其强大的数据处理与分析能力深受业界专家与爱好者的青睐。它不仅简化了从多样化数据源（如本地文件系统、网络 API、云存储服务等）高效导入数据的流程，还通过其直观且功能丰富的 API，允许用户以几乎零学习成本的方式，对海量数据进行深度加工、转换与探索。

Pandas 的核心优势在于其灵活的数据结构——DataFrame，这是一种二维、表格型的数据结构,既能够存储异构数据(即同一列中的数据类型可以不同),又能够方便地通过标签或位置进行数据的索引与选择,极大地提升了数据操作的便捷性和效率。此外,Pandas 还提供了丰富的内置函数和方法,用于数据清洗(如缺失值处理、重复值删除、异常值检测等)、转换(如数据类型转换、重命名列/行、数据排序等)、合并与连接(如根据键合并多个 DataFrame、连接行或列等),以及统计分析(如描述性统计、分组聚合、时间序列分析等),几乎覆盖了数据预处理的所有关键环节。

在数据可视化方面,Pandas 虽不直接提供绘图功能,但它与 Matplotlib、Seaborn、Plotly 等可视化库的无缝集成,使用户能够轻松地将分析结果以图表的形式呈现出来,直观展示数据背后的故事和趋势。这种从数据处理到可视化的完整流程支持,进一步巩固了 Pandas 在数据科学工作流中的核心地位。

随着机器学习与人工智能技术的飞速发展,Pandas 在机器学习项目中的应用也日益广泛。在准备训练数据集时,Pandas 能够协助完成数据集的划分、特征工程(如特征选择、缩放、编码等)等关键步骤,为后续的模型训练与优化奠定坚实的基础。

使用 pip 安装 Pandas 的命令如下:

```
pip install pandas
```

5.2.2　Pandas 的数据结构与索引

1. Pandas 的数据结构

Pandas 的核心数据结构是 Series 和 DataFrame,前者是一维数组,后者是二维表格。

Series 可以存储任何数据类型,包括整数、字符串、浮点数、Python 对象等。每个元素都有一个标签(称为索引),这使得 Series 非常适合用于处理缺失数据。

创建 Series 的代码如下:

```
import numpy as np
import pandas as pd
data = pd.Series([1, 3, 5, np.nan, 6, 8])
print(data)
# 输出 data
0    1.0
1    3.0
2    5.0
3    NaN
4    6.0
5    8.0
dtype: float64
```

如果没有指定索引,那么索引值就从 0 开始,可以根据索引值读取数据,代码如下:

```
import numpy as np
import pandas as pd
data = pd.Series([1, 3, 5, np.nan, 6, 8])
print(data[1])
```

```
# 输出 data[1]
3.0
```

创建对数据点进行标记的索引,代码如下:

```
import numpy as np
import pandas as pd
data = pd.Series([1, 3, 5, np.nan, 6, 8], index = ['a','b','c','d','e','f'])
print(data)
# 输出 data
a    1.0
b    3.0
c    5.0
d    NaN
e    6.0
f    8.0
dtype: float64
```

创建好 Series 以后,可以利用索引的方式选取 Series 的单个或一组值,代码如下:

```
import numpy as np
import pandas as pd
data = pd.Series([1, 3, 5, np.nan, 6, 8], index = ['a','b','c','d','e','f'])
print(data['a'])
# 输出 data['a']
1.0

print(data[['a','b','c']])
# 输出 data[['a','b','c']]
a    1.0
b    3.0
c    5.0
dtype: float64
```

也可以使用 key/value 对象,用类似字典的方式创建包含索引的 series,代码如下:

```
import numpy as np
import pandas as pd
sites = {
 'a': 1.0,
 'b': 3.0,
 'c': 5.0,
 'd': np.nan,
 'e': 6.0,
 'f': 8.0
}
data = pd.Series(sites)
print(data)
# 输出 data
a    1.0
b    3.0
```

```
c     5.0
d     NaN
e     6.0
f     8.0
dtype: float64
```

DataFrame 类似于 Excel 中的表格,可以将其想象为一个由多个类型可能不同的 Series 组成的字典(共用一个索引)。DataFrame 可以容纳不同类型的列数据。

可以用列表的方式创建 DataFrame,代码如下:

```
data_list = [
    [1, 'a', True],
    [2, 'b', False],
    [3, 'c', True],
    [4, 'd', False]
]
# 创建 DataFrame
data = pd.DataFrame(data_list, columns = ['A', 'B', 'C'])
print(data)
# 输出 data
   A  B      C
0  1  a   True
1  2  b  False
2  3  c   True
3  4  d  False
```

也可以用字典的方式创建 DataFrame,代码如下:

```
data = pd.DataFrame({
    'A': [1, 2, 3, 4],
    'B': ['a', 'b', 'c', 'd'],
    'C': [True, False, True, False]
})
print(data)
# 输出 data
   A  B      C
0  1  a   True
1  2  b  False
2  3  c   True
3  4  d  False
```

还可以使用 ndarrays 等方式创建 DataFrame,代码如下:

```
# 创建 NumPy 数组
A = np.array([1, 2, 3, 4])
B = np.array(['a', 'b', 'c', 'd'])
C = np.array([True, False, True, False])
# 使用 NumPy 数组创建 DataFrame
data = pd.DataFrame({'A': A, 'B': B, 'C': C})
print(data)
```

```
# 输出 data
   A  B    C
0  1  a  True
1  2  b  False
2  3  c  True
3  4  d  False
```

2. Pandas 的索引

索引是 Pandas 中一个非常重要的概念，它允许用户快速访问和操作数据。Pandas 中的索引操作类似于 Python 中的字典访问，基本索引操作的代码如下：

```
# 访问 Series
print(data['index_label'])

# 访问 DataFrame 的列
print(data['column_name'])
```

设置索引的代码如下：

```
data.index = ['index1', 'index2', 'index3', ...]
```

在 Pandas 中，iloc 和 loc 是两种非常强大的索引工具，可以使用它们索引特定位置的某个元素，或者特定范围的某些元素。iloc 是基于整数的索引，它允许用户通过行和列的整数位置来选择数据。例如，df.iloc[0, 0]表示选择 DataFrame 的第一行、第一列的数据，而 df.iloc[0:2, 1:3]表示选择从第一行到第二行，以及从第二列到第三列的数据。loc 是基于标签的索引，它允许用户使用行和列的标签来选择数据。例如，df.loc[0, 'A']表示选择 DataFrame 的第一行、标签为'A'的列的数据，而 df.loc[0:2, ['B', 'C']]表示选择从第一行到第二行，以及标签为'B'和'C'的列的数据。两种索引工具的具体使用示例代码如下：

```
import pandas as pd
import numpy as np
# 创建一个简单的 DataFrame
df = pd.DataFrame({
    'A': [1, 2, 3],
    'B': [4, 5, 6],
    'C': [7, 8, 9]
})
# 使用 iloc 索引访问第一行、第一列的数据
print(df.iloc[0, 0])   # 输出:1
# 使用 iloc 索引访问第一行、从第二列到第三列的数据
print(df.iloc[0, 1:3])
# 输出如下
B    4
C    7
Name: 0, dtype: int64
# 使用 loc 索引访问第一行、标签为'A'的列的数据
```

```
print(df.loc[0, 'A'])               # 输出:1
# 使用 loc 索引访问第一行、从第二列到第三列的数据
print(df.loc[0, 'B':'C'])
# 输出如下
B    4
C    7
Name: 0, dtype: int64
# 使用 iloc 索引访问多行、多列的数据
# 例如访问从第一行到第二行,以及从第二列到第三列的数据
print(df.iloc[0:2, 1:3])            # 输出
#    B C
# 0  4 7
# 1  5 8
# 使用 loc 索引访问多行多列的数据
# 例如访问从第一行到第二行,以及标签为'B'和'C'的列的数据
print(df.loc[0:2, ['B', 'C']])      # 输出
#    B C
# 0  4 7
# 1  5 8
```

Pandas 支持多种类型的索引,包括日期时间索引、多级索引(层次化索引)等。日期时间索引的示例代码如下:

```
# 使用 pd.date_range 生成一个日期范围
# '20210101' 是起始日期,格式为'YYYYMMDD',periods = 6 表示生成 6 个日期,从起始日期开始
dates = pd.date_range('20210101', periods = 6)
df = pd.DataFrame(np.random.randn(6, 4), index = dates, columns = list('ABCD'))
print(df)
# 输出 df
                    A            B            C            D
2021 - 01 - 01 - 0.715690 - 1.865148    0.678899 - 1.398028
2021 - 01 - 02 - 1.152568 - 0.595376    1.196015   0.152610
2021 - 01 - 03   0.535715   1.136056  - 0.562505 - 1.424839
2021 - 01 - 04 - 0.115005   0.367840  - 0.003841   1.369916
2021 - 01 - 05 - 1.009745   1.795841    0.701919   0.234575
2021 - 01 - 06 - 0.519353 - 0.022971    0.881541   0.715304
```

多级索引的示例代码如下:

```
# 使用 zip()函数将这两个列表中的元素打包成元组,然后解包这些元组
# zip( * [iterable, ...]) 会将多个可迭代对象中对应的元素打包成元组
# 执行后,tuples 将会是[('A', 'x'), ('A', 'y'), ('B', 'x'), ('B', 'y')]
tuples = list(zip( * [['A', 'A', 'B', 'B'], ['x', 'y', 'x', 'y']]))
index = pd.MultiIndex.from_tuples(tuples, names = ['first', 'second'])
df = pd.DataFrame(np.random.randn(4, 2), index = index, columns = ['col1', 'col2'])
print(df)
# 输出 df
                    col1         col2
first second
A     x         0.187812    - 0.901730
      y         0.186459      0.404768
```

```
B    x         0.163211 - 2.036005
     y        - 1.815259 - 0.053872
```

重新索引是改变 Series 或 DataFrame 索引的过程。使用 reindex() 函数可以对数据进行重新索引,这通常用于对齐不同数据集的索引。如果新的索引中包含原来没有的标签,对应的数据将会是缺失值(Not a Number,NaN)。示例代码如下:

```
import pandas as pd
import numpy as np
# 创建一个简单的 DataFrame
df = pd.DataFrame({'A': [1, 2, 3], 'B': [4, 5, 6]}, index = [1, 2, 3])
# 定义一个新的索引
new_index = [1, 2, 3, 4]
# 重新索引
reindexed_df = df.reindex(new_index)
print("原始 DataFrame:")
print(df)
print("重新索引后的 DataFrame:")
print(reindexed_df)
# 输出结果
原始 DataFrame:
   A  B
1  1  4
2  2  5
3  3  6
重新索引后的 DataFrame:
   A  B
1  1  4
2  2  5
3  3  6
4  NaN NaN
```

切片索引使用索引标签的范围来选择数据,通过指定开始和结束的索引标签来选择数据的子集。示例代码如下:

```
# 继续使用上面的 df
sliced_df = df.loc[1:3]
print("使用切片索引的 DataFrame:")
print(sliced_df)
# 输出结果
使用切片索引的 DataFrame:
   A  B
1  1  4
2  2  5
3  3  6
```

布尔索引通过布尔表达式来选择数据,当布尔表达式应用于 Series 或 DataFrame 时,它会返回原始数据中表达式为 True 的行或列。示例代码如下:

```
# 使用布尔索引选择'A'列中大于1的行
boolean_indexed_df = df[df['A'] > 1]
print("\n 使用布尔索引的 DataFrame:")
print(boolean_indexed_df)
# 输出结果
使用布尔索引的 DataFrame:
    A  B
2   2  5
3   3  6
```

5.2.3　Pandas 的数据类型与转换

Pandas 是一个强大的 Python 数据分析库,它提供了丰富的数据结构和操作工具,用于处理和分析各种数据。在 Pandas 中,数据类型(dtype)是非常重要的概念,因为它决定了数据如何存储和操作。

1. Pandas 的数据类型

1) 数值类型

(1) int:整数类型,可以是 8、16、32 或 64 位。

(2) float:浮点数类型,通常是 64 位。

(3) complex:复数类型。

2) 布尔类型

bool:布尔类型,值为 True 或 False。

3) 日期和时间类型

(1) datetime:日期和时间类型,表示从特定纪元开始的天数和时间。

(2) timedelta:时间差类型,表示两个 datetime 之间的差异。

4) 字符串类型

object:通常用于存储字符串,但在某些情况下也可能是其他 Python 对象。

5) 类别类型

category:一种优化内存的字符串数组,适用于具有重复值的有限模式数据。

6) 特殊数据类型

(1) Period:时间跨度类型,用于表示固定的时间段。

(2) Interval:时间间隔类型,用于表示两个日期或时间点之间的间隔。

2. Pandas 的数据类型转换

在 Pandas 中,数据类型转换是一个常见的操作,可以通过多种方式实现。

(1) astype()函数是最常用的转换方法,可以直接将一列数据转换为指定的数据类型,例如:

```
import pandas as pd
# 假设 df 是包含数据的 DataFrame
df = pd.DataFrame({
    'age': [25, 30, '35', 40],          # 字符串'35'需要转换为整数
    'height': [180.5, '175', 165.2]     # 字符串'175'需要转换为浮点数
```

```
})
# 强制转换'age'列到整数类型
df['age'] = df['age'].astype(int)
# 强制转换'height'列到浮点数类型
df['height'] = df['height'].astype(float)
```

（2）自定义一个数据转换函数，示例代码如下：

```
# 自定义转换函数，例如将所有年龄转换为'adult'或'child'
def age_to_category(age):
    if age >= 18:
        return 'adult'
    else:
        return 'child'
# 应用自定义转换函数到'age'列
df['age_category'] = df['age'].apply(age_to_category)
```

（3）使用 Pandas 内置的 to_numeric()函数和 to_datetime()函数，示例代码如下：

```
# 假设'height'列包含非数值字符串，尝试转换为数值，错误值转换为 NaN
df['height'] = pd.to_numeric(df['height'], errors = 'coerce')
# 假设有日期字符串，转换为 datetime 类型
df['date'] = pd.to_datetime(df['date'], errors = 'coerce')
```

（4）导入数据时转换数据类型，示例代码如下：

```
# 导入 CSV 文件，并在导入时转换列的数据类型
df = pd.read_csv('data.csv', dtype = {'age': int, 'height': float})
# 或者在导入时指定日期列的格式
df = pd.read_csv('data.csv', dtype = {'age': int, 'height': float}, parse_dates = ['date_
column'], date_parser = lambda x: pd.to_datetime(x, format = '%Y - %m - %d'))
```

5.2.4　Pandas 的数据输入与输出

Pandas 提供了多种方式来读取和输出不同格式的数据，如 CSV、Excel、JSON、SQL 数据库、HTML 等。数据输入的示例代码如下：

```
import pandas as pd
# 读取 CSV
df = pd.read_csv('file.csv')
# 读取 Excel
df = pd.read_excel('file.xlsx', sheet_name = 'Sheet1')
# 读取 JSON
df = pd.read_json('file.json')
```

数据输出的示例代码如下：

```
# 输出到 CSV
df.to_csv('path/to/your/output.csv', index = False)
# 输出到 Excel
```

```
df.to_excel('path/to/your/output.xlsx', sheet_name = 'Sheet1', index = False)
# 输出到 JSON
df.to_json('path/to/your/output.json', orient = 'records')
```

5.2.5　Pandas 常用的数学函数

Pandas 的常用数学函数如表 5-7 所示,读者可以根据自己的需要调用函数来处理数。

表 5-7　Pandas 的常用数学函数

函数/方法	描　述	示例代码(假设 df 为 DataFrame)
head(n)	返回前 n 行数据,默认值为 5	df.head() 或 df.head(10)
tail(n)	返回后 n 行数据,默认值为 5	df.tail() 或 df.tail(3)
describe()	生成统计摘要,包括计数、平均值、标准差等	df.describe()
info()	显示 DataFrame 的基本信息,如列的数据类型和非空值数量	df.info()
shape	返回 DataFrame 的形状,即行数和列数	df.shape
sort_values(by, axis)	根据某个列的值进行排序	df.sort_values('column_name', axis=0)
sort_index()	根据索引排序	df.sort_index()
reset_index()	重置索引为默认整数索引	df.reset_index()
rename(columns)	重命名列	df.rename(columns = {'old_name': 'new_name'})
drop(labels, axis)	删除指定的行或列	df.drop('row_label', axis=0) 或 df.drop('column_label', axis=1)
transpose()	转置 DataFrame	df.T 或 df.transpose()
corr()	计算列之间的相关系数	df.corr()
cumsum()	计算累积和	df.cumsum()
pivot_table(values, index, columns)	创建数据透视表	df.pivot_table(values='value_column', index='index_column', columns='column_to_pivot')

5.2.6　Pandas 缺失值、异常值和重复值处理

本节将介绍如何使用 Pandas 进行缺失值、异常值和重复值处理。

1. Pandas 缺失值处理

在数据分析中,缺失值是很常见的。Pandas 使用 NaN 来表示缺失值。

Pandas 使用 isnull()函数或 isna()函数来检测缺失值。fillna()函数可以用非空数据填充缺失值。如果只想排除缺少的值,可以使用 dropna()函数删除含有缺失值的行或列。示例代码如下:

```
import pandas as pd
import numpy as np
# 创建包含缺失值的 DataFrame
df = pd.DataFrame({
```

```
    'A': [1, 2, np.nan, 4],
    'B': [np.nan, 2, 3, 4]
})
# 填充缺失值
df_filled = df.fillna(value = 0)
# 删除缺失值
df_dropped = df.dropna()
```

2. Pandas 异常值处理

异常值指在数据集中与其他数据点显著不同的数值,它们可能会对数据分析和结果产生不良影响。为了检测这些异常值,可以使用多种统计方法,例如通过计算标准差来识别那些远离平均值的数据点,或者使用四分位数来确定数据的分布范围,从而找出那些落在四分位距之外的点。一种常见的方法是使用箱型图进行可视化,箱型图能够清晰地展示数据的分布情况,并通过箱线图的胡须(whiskers)来表示数据的异常值。在箱型图中,通常认为超过箱线图胡须末端 1.5 倍四分位距的数据点是异常值。

在 Python 中,如果要处理一个包含异常值的 DataFrame(假设名为 df),并且想要删除那些超过 3 个标准差的数据点,可以使用以下代码:

```
# 删除超过 3 个标准差的数据点
from scipy import stats
z_scores = np.abs(stats.zscore(df['column']))
df_filtered = df[(z_scores < 3)]
```

3. Pandas 重复值处理

重复值指在数据集中出现不止一次的相同数据点。处理重复值是数据清洗的一个重要步骤,因为它们可能会影响数据分析的准确性和结果的可靠性。

在 Pandas 库中,duplicated()函数可以用来识别 DataFrame 中的重复行。如果需要检测特定列或列组合中的重复值,可以使用 duplicated(subset),其中 subset 参数指定了需要检查的列名列表。

一旦识别出重复值,可以使用 drop_duplicates()函数来删除它们。这个函数默认删除所有重复的行,只保留第一次出现的行。如果希望保留最后出现的重复值,可以设置 keep = 'last'参数,这样在删除重复项时,会保留最后一次出现的行。

以下是示例代码,演示如何使用这些函数处理一个名为 df 的 DataFrame 中的重复值:

```
# 假设 df 是包含重复值的 DataFrame
# 删除重复值
df_unique = df.drop_duplicates()
# 保留最后出现的重复值
df_last = df.drop_duplicates(keep = 'last')
```

5.2.7　apply()函数

Pandas 的 apply()函数是一个非常强大的工具,它允许对 Series 或 DataFrame 的每个元素应用一个函数。这个函数可以是内置的,也可以是自定义的。使用 apply()函数可以进行复杂的数据转换和分析,特别是当需要对数据集中的每个元素执行特定的操作时。

1. 基本用法

对 Series 使用 apply()函数,示例代码如下:

```
import pandas as pd
# 创建一个简单的 Series
s = pd.Series([1, 2, 3, 4, 5])
# 应用一个简单的函数,如平方
squared = s.apply(lambda x: x ** 2)
print(squared)
# 输出结果
0     1
1     4
2     9
3    16
4    25
dtype: int64
```

对 DataFrame 使用 apply()函数,示例代码如下:

```
# 创建一个简单的 DataFrame
df = pd.DataFrame({
    'A': [1, 2, 3],
    'B': [4, 5, 6]
})
# 应用一个函数到 DataFrame 的每一行
df['Sum'] = df.apply(lambda row: row['A'] + row['B'], axis = 1)
print(df)
# 输出 df
   A  B  Sum
0  1  4    5
1  2  5    7
2  3  6    9
```

2. 高级用法

apply()函数可以与 lambda 匿名函数一起使用,快速实现对数据的简单转换。但是,对于更复杂的操作,自定义一个有名称的函数通常更清晰、更易于调试。

(1) 使用有名称的自定义函数,示例代码如下:

```
def custom_function(x):
    # 假设想要检查一个值是否为正数
    return [x, 'positive'] if x > 0 else [x, 'negative']
# 应用自定义函数到 Series
result = df['A'].apply(custom_function)
```

(2) 使用 apply()函数进行数据清洗,示例代码如下:

```
# 假设需要将字符串转换为数值,非数值转换为 NaN
df['clean_column'] = df['dirty_column'].apply(pd.to_numeric, errors = 'coerce')
```

（3）使用 apply( )函数进行数据聚合,示例代码如下:

```
# 计算每列的平均值
mean_values = df.apply(lambda col: col.mean())
```

3. 注意事项

（1）使用 apply( )函数可能会影响性能,特别是对于大型 DataFrame,因为它在 Python 层面上迭代数据。应尽可能地使用 Pandas 的内置向量化函数,因为它们通常比 apply( )函数更快。

（2）当 apply( )函数返回的结果不是 Series 或 DataFrame 时,可以使用 result_type 参数来指定返回类型。

5.2.8 Pandas 数据分组

本节将介绍如何使用 Pandas 进行数据分组运算操作。

1. 分组操作

分组操作是数据分析中的基础,它允许用户根据数据的一个或多个列（称为键或分组键）将数据分割成多个组。在 Pandas 中,这通常是通过 groupby( )函数实现的。例如,在电商领域,可能需要根据省份将全国的总销售额进行分组,以分析各省份的销售额变化情况；在社交领域,可能需要根据用户的性别和年龄等画像信息进行用户细分,以研究用户的使用情况和偏好。

分组操作的基本语法如下:

```
grouped = df.groupby(by = ['key_column1', 'key_column2'])
```

示例代码如下,这里使用 Category 代表商品种类,Value 代表商品价值。

```
import pandas as pd
# 创建示例 DataFrame
df = pd.DataFrame({
    'Category': ['A', 'B', 'A', 'C', 'B', 'C', 'A', 'B'],
    'Value': [10, 20, 10, 30, 20, 30, 10, 20]
})
# 根据'Category'和'Subcategory'列进行分组
grouped = df.groupby(['Category', 'Subcategory'])
# 输出 list(grouped)
[('A',   Category  Value
0        A         10
2        A         10
6        A         10),
('B',   Category  Value
1        B         20
4        B         20
7        B         20),
('C',   Category  Value
3        C         30
5        C         30)]
```

2. 分组运算

分组运算是对分组后的数据进行的聚合计算,如求和、求平均值、求最大值、求最小值等。Pandas 提供了多种函数来进行这些运算,包括 sum()、mean()、max()、min()、count()、std()、var()等。

分组运算的基本语法如下:

```
aggregated_data = grouped.agg(['aggfunc1', 'aggfunc2'])
```

示例代码如下,这里计算了每个种类商品的平均价值。

```
# 对每个组求和和求平均值
aggregated_data = grouped['Value'].agg(['sum', 'mean'])
# 输出 aggregated_data
          sum   mean
Category
A         30    10.0
B         60    20.0
C         60    30.0
```

3. 分组后的数据转换(transform)

还可以对分组后的数据进行转换,这通常用于创建一个与原始数据形状相同的新列,每个元素是某个函数在分组上的应用结果。

数据转换的基本语法如下:

```
transformed_data = grouped.transform(['transfunc1', 'transfunc2'])
```

示例代码如下,这里计算了每个种类商品的平均价值并且附在每个商品后面。

```
df['avg_value'] = df.groupby('Category')['Value'].transform('mean')
# 输出 df
   Category   Value   avg_value
0      A       10       10.0
1      B       20       20.0
2      A       10       10.0
3      C       30       30.0
4      B       20       20.0
5      C       30       30.0
6      A       10       10.0
7      B       20       20.0
```

4. apply()函数

apply()函数相比分组运算和数据转换而言更加灵活,能够传入任意自定义的函数,实现复杂的数据操作。

在 groupby()函数后使用 apply()函数,和 5.2.7 节介绍的 apply()函数的实现原理基本一致。两者的区别在于,对于 groupby()函数后的 apply()函数,以分组后的子 DataFrame 作为参数传入指定函数,基本操作单位是 DataFrame,而 5.2.7 节介绍的 apply()函数的基本操作单位是 Series。

例如,获取每个类别价值最高的商品的示例代码如下。

```
# 创建示例 DataFrame
df = pd.DataFrame({
    'Category': ['A', 'B', 'A', 'C', 'B', 'C', 'A', 'B'],
    'Value': [10, 200, 10, 30, 20, 300, 10, 100]
})
def get_max(x):
    df = x.sort_values(by = 'Value')
    return df.iloc[-1,:]
# 根据'Category'列进行分组
max_value = df.groupby('Category').apply(get_max)
# 输出 max_value
        Category  Value
Category
A          A       10
B          B      200
C          C      300
```

5. 按照自定义的键分组

有时,可能需要根据自定义的逻辑来分组数据,而不是直接使用 DataFrame 中的列。在这种情况下,可以在 groupby()中使用一个函数作为分组键。

可以通过一个返回分组标签的函数自定义分组键,基本语法如下:

```
grouped = df.groupby(lambda x: x['key_column'])
```

自定义分组键的示例代码如下:

```
# 假设想要根据'Value'列的值将数据分为两组:低于平均值和高于平均值
average_value = df['Value'].mean()
grouped = df.groupby(('Below Average' if x < average_value else 'Above Average' for x in df
['Value']))
```

5.2.9 Pandas 数据合并

Pandas 提供了多种数据合并操作,这些操作通常用于将不同数据集按照某些方式合并在一起,类似于 SQL 中的 JOIN 操作。

1. 基本概念

(1) 合并(Merge):根据一个或多个键将不同的数据集合并在一起。

(2) 连接(Join):DataFrame 之间的合并操作,可以是内部连接、左连接、右连接或外连接。

(3) 堆叠(Concatenation):在轴向上堆叠数据集,可以是行或列方向上的堆叠。

2. 使用 merge()函数

merge()函数在 Pandas 中用于合并两个 DataFrame,基于列连接,它类似于 SQL 中的 JOIN 操作。

merge()函数的基本语法如下:

```
merged_df = pd.merge(left, right, on = 'key_column', how = 'inner')
```

其中,left 和 right 是要合并的两个 DataFrame,on 是用于合并的键的名称,how 指定合并的方式,可以是'left'、'right'、'outer'或'inner',具体如下。

(1) 'left':左连接,保留左边 DataFrame df1 的所有行,如果键在 DataFrame df2 中没有匹配,则相应的值为 NaN。

(2) 'right':右连接,保留右边 DataFrame df2 的所有行,如果键在 DataFrame df1 中没有匹配,则相应的值为 NaN。

(3) 'outer':外连接,保留两个 DataFrame 中的所有行,没有匹配的地方填充 NaN。

(4) 'inner':内连接,只保留两个 DataFrame 中都有匹配键的行,这是默认的连接方式。

merge()函数的示例代码如下:

```
import pandas as pd
# 创建两个示例 DataFrame
df1 = pd.DataFrame({'key': ['A', 'B', 'C'], 'value': [1, 2, 3]})
df2 = pd.DataFrame({'key': ['A', 'B', 'D'], 'value': [4, 5, 6]})
# 根据'key'列进行连接
merged_df_left = pd.merge(df1, df2, on = 'key', how = 'left')
merged_df_right = pd.merge(df1, df2, on = 'key', how = 'right')
merged_df_outer = pd.merge(df1, df2, on = 'key', how = 'outer')
merged_df_inner = pd.merge(df1, df2, on = 'key', how = inner')       # 输出结果
Left Join:
   key  value_x  value_y
0   A         1      4.0
1   B         2      5.0
2   C         3      NaN
Right Join:
   key  value_x  value_y
0   A       1.0        4
1   B       2.0        5
2   D       NaN        6
Outer Join:
   key  value_x  value_y
0   A       1.0      4.0
1   B       2.0      5.0
2   C       3.0      NaN
3   D       NaN      6.0
Inner Join:
   key  value_x  value_y
0   A         1        4
1   B         2        5
```

3. 使用 join()函数

join()函数用于将另一个 DataFrame 连接到当前 DataFrame 上。join()函数是基于索引连接 DataFrame,merge()函数是基于列连接,连接方法仍分为内连接、外连接、左连接和右连接。

join()函数的基本语法如下：

```
joined_df = df1.join(df2, on = 'key_column', how = 'inner')
```

其中，df 是当前 DataFrame，df2 是要连接的另一个 DataFrame，on 是用于连接的键的名称，how 指定连接的方式。

join()函数的示例代码如下：

```
# 创建两个示例 DataFrame
df1 = pd.DataFrame({
    'key': ['A', 'B', 'C'],
    'value1': ['1', '2', '3']
})
df2 = pd.DataFrame({
    'key': ['A', 'B', 'D'],
    'value2': ['4', '5', '6']
})
# 默认情况下，join()函数执行的是左连接
joined_df_left = df1.join(df2.set_index('key'), on = 'key', how = 'left')
# 执行右连接
joined_df_right = df1.join(df2.set_index('key'), on = 'key', how = 'right')
# 执行外连接
joined_df_outer = df1.join(df2.set_index('key'), on = 'key', how = 'outer')
# 执行内连接
joined_df_inner = df1.join(df2.set_index('key'), on = 'key', how = 'inner')
# 打印结果
Left Join:
  key value1 value2
0  A      1      4
1  B      2      5
2  C      3    NaN
Right Join:
     key value1 value2
0.0  A      1      4
1.0  B      2      5
NaN  D    NaN      6
Outer Join:
     key value1 value2
0.0  A      1      4
1.0  B      2      5
2.0  C      3    NaN
NaN  D    NaN      6
Inner Join:
  key value1 value2
0  A      1      4
1  B      2      5
```

4. 使用 concat()函数

concat()是 Pandas 中用于沿轴向堆叠多个对象(如 Series 或 DataFrame)的主要函数。这种操作通常用于将数据集组合成更大的集合，特别是在数据集已经对齐的情况

下。concat()函数允许使用者沿行(轴＝0)或列(轴＝1)方向堆叠数据。在使用 concat() 函数时,所有对象的轴向维度(如所有 DataFrame 的列数或 Series 的索引长度)必须匹配。

concat()函数的基本语法如下:

```
result = pd.concat(objs, axis = 0, ignore_index = False, join = 'outer', keys = None, levels =
None, names = None, verify_integrity = False, sort = None)
```

其中,参数 objs 代表一个序列或字典,包含要合并的对象;axis 表示合并的轴向,0 表示垂直堆叠(沿着行),1 表示水平堆叠(沿着列);ignore_index 表示是否重置索引,默认为 False;join 表示如何连接索引,'outer' 表示连接所有索引,'inner' 仅连接共有索引;keys 为可选参数,用于创建多级索引;levels 和 names 分别用于控制结果索引的级别和名称;verify_integrity 如果为 True,则会检查新索引的完整性;sort 表示是否对非连接轴进行排序。

concat()函数的示例代码如下:

```python
import pandas as pd
# 创建两个示例 DataFrame
df1 = pd.DataFrame({
    'A': [1, 2, 3],
    'B': [4, 5, 6]
})
df2 = pd.DataFrame({
    'A': [7, 8, 9],
    'B': [10, 11, 12]
})
# 垂直堆叠(沿着行)
result_vertical = pd.concat([df1, df2], axis = 0)
# 水平堆叠(沿着列),需要确保索引对齐
df3 = df2.rename(columns = {'A': 'C', 'B': 'D'})
result_horizontal = pd.concat([df1, df3], axis = 1)
# 打印结果
print("Vertical Stacking:")
print(result_vertical)
print("Horizontal Stacking:")
print(result_horizontal)
# 结果输出
Vertical Stacking:
   A   B
0  1   4
1  2   5
2  3   6
0  7   10
1  8   11
2  9   12
Horizontal Stacking:
   A  B  C   D
0  1  4  7   10
1  2  5  8   11
2  3  6  9   12
```

思考与练习

选择题

1. NumPy 库主要用于(   )。
   A. 数据可视化   B. 网络编程
   C. 科学计算   D. 数据库管理
2. Pandas 中,Series 的索引默认是(   )类型。
   A. 整数   B. 浮点数   C. 布尔值   D. 字符串
3. 在 Pandas 中,以下(   )函数用于删除 DataFrame 中的重复行。
   A. drop_duplicates()   B. remove_duplicates()
   C. delete_duplicates()   D. remove_repeats()
4. NumPy 数组的切片操作不支持以下(   )数据类型。
   A. 整数   B. 字符串   C. 布尔值   D. 浮点数
5. Pandas 中,使用 concat()函数进行数据合并时,(   )参数用于指定合并的轴向。
   A. axis=0   B. join=0
   C. merge_axis=0   D. concat_axis=0

判断题

1. NumPy 库中的数组是固定类型的。   (   )
2. Pandas 中的 fillna()函数可以用来填充缺失值,但不能指定填充的值。   (   )
3. 在 Pandas 中,可以使用 groupby()函数对 DataFrame 进行分组,但结果不能进行迭代。   (   )
4. NumPy 的 np. random. rand()函数生成一个给定形状的数组,数组中的值是均匀分布的。   (   )
5. Pandas 的 read_csv()函数不能读取压缩文件。   (   )

简答题

1. 描述 NumPy 数组与 Python 内置列表的主要区别,并说明为什么在科学计算中 NumPy 数组更受青睐。
2. 请简述 NumPy 库中的广播(Broadcasting)机制,并给出一个具体的例子。
3. 解释 Pandas 中的 DataFrame 和 Series 数据结构有何不同,并给出一个场景,说明何时使用 DataFrame 更合适。
4. 在 Pandas 中,如何读取一个 CSV 文件,并指定某列作为结果 DataFrame 的索引?
5. 解释 Pandas 中的 isnull()函数和 notnull()函数的作用,并说明它们在数据清洗中的应用。

章节实训:空气质量分析

实训目标

目标网址为 https://archive. ics. uci. edu/dataset/501/beijing+multi+site+air+

quality+data。利用 NumPy 或 Pandas 等相关库,完成如下任务:

1. 实现一个数据分析类,基于 Pandas,提供数据的读取及基本的时间(如某区域某类型污染物随时间的变化)和空间分析(某时间点或时间段北京空气质量的空间分布态势)方法。

2. 实现一个数据可视化类,以提供上述时间和空间分析结果的可视化,如以曲线、饼图、地图等形式对结果进行呈现。

3. 如果数据中包含空值等异常值,在进行数据分析及可视化前需要检查数据。

4. 污染物含量与气象状态本身是否有相关性? 请丰富数据分析类和数据可视化类,增加关于这些相关性探索的方法。

实训思路

可利用 apply()等 DataFrame 相关函数进行异常值的处理。

使用 Matplotlib 或 Seaborn 库绘制时间序列图,展示污染物浓度随时间的变化。

相关性探索的方法有:

1. 在数据分析类中,增加 correlation_analysis()函数,计算污染物含量与气象变量之间的相关系数。

2. 在数据可视化类中,增加绘制相关性矩阵图的方法,使用热图展示不同变量间的相关性。

3. 考虑使用多元回归分析来探索污染物含量与多个气象变量之间的关系。

第4部分 数据可视化

第 6 章

数据可视化基础

视频讲解

当前,在教学、研究和开发领域,数据可视化是一个极为活跃而又关键的方向。特别是在大数据时代,面对规模、种类快速增长的数据,可视化已然成为各个领域传递信息不可缺少的手段,是快速理解数据的必然要求。

本章首先介绍数据可视化的发展历史和分类,然后介绍如何对时间数据、比例数据、关系数据、文本数据和复杂数据等不同类型的数据进行可视化。

学习目标

本章学习目标如下。

(1)掌握数据可视化的基本概念与发展历史。

(2)掌握数据可视化的分类。

(3)掌握不同类型的数据的特点,以及常见的可视化方法。

(4)掌握一些可视化图表的绘制方法。

6.1 数据可视化概述

视频讲解

数据指对客观事件进行记录并可以鉴别的符号,主要记载客观事物的性质、状态及相互关系。它是可识别的、抽象的符号。数据不仅指狭义上的数字,还可以是具有一定意义的文字符号的组合、图形、图像、视频、音频等。例如,"0、1、2……""阴、雨、下降、气温""学生的档案记录""货物的运输情况"等都是数据。

在计算机科学中,数据指所有能输入到计算机并被计算机程序处理的符号的总称。计算机存储和处理的对象十分广泛,表示这些对象的数据也随之变得越来越复杂。

数据经过加工后就成为信息,两者既有联系,又有区别。数据是信息的表现形式和载体,可以是符号、文字、数字、语音、图像、视频等。而信息是数据的内涵,信息加载于数据之上,对数据作具有含义的解释。数据是符号,是物理性的,信息是对数据进行加工处理之后所得到的并对决策产生影响的数据,是逻辑性和观念性的。数据本身没有意义,数据只有对实体行为产生影响时才成为信息。

　　数据可视化就是数据中信息的可视化。人类对图形、图像等可视化符号的处理效率要比对数字、文本的处理效率高很多。经过可视化的数据，可以让人更直观、清晰地了解数据中蕴含的信息，从而最大化数据的价值。

6.1.1　数据可视化的发展历史

　　数据可视化的起源可追溯到公元2世纪，但是在之后的很长一段时间并没有特别大的发展。数据可视化的主要进展都是在最近两个半世纪才出现，尤其是近四十年。

　　虽然可视化作为一门学科很晚才被广泛认可，但是目前最热门的可视化形式可以追溯到17世纪，那时的地质探索、数学和历史的普及促进了早期的地图、图表的出现。现代图表的发明者威廉·普莱费尔（William Playfair）在1786年出版了《商业和政治地图集》（*Commercial and Political Atlas*）中发明了广泛流传的折线图和柱状图，在1801年出版的《统计摘要》（*Statistical Breviary*）中发明了饼图，如图6-1所示。

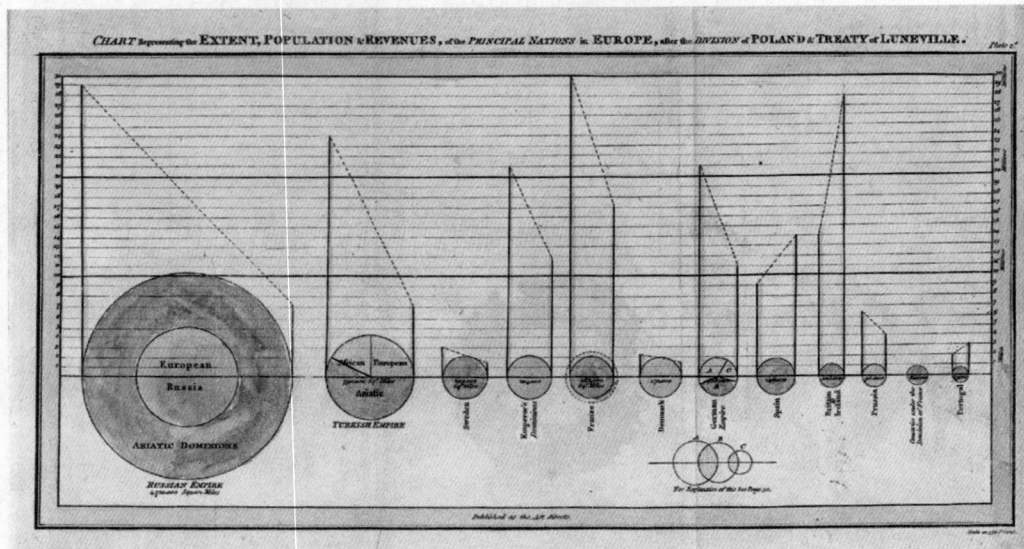

图 6-1　威廉·普莱费尔发明的饼图

　　随着工艺技术的完善，到19世纪上半叶，人们已经掌握了整套统计数据可视化工具（包括柱状图、饼图、直方图、折线图、轮廓线等），关于社会、地理、医学和基金的统计数据越来越多。后来，人们将国家的统计数据与其可视化表达放在地图上，用于政府规划和运营中。人们在采用统计图表来辅助思考的同时衍生了可视化思考的新方式：图表用于表达数据证明和函数，列线图用于辅助计算，各类可视化显示用于表达数据的趋势和分布。这些方式便于人们进行交流和观察。

　　到19世纪下半叶，系统构建可视化方法的条件日渐成熟，人类社会进入了统计图形学的黄金时期。其中，法国人查尔斯·约瑟夫·密纳德（Charles Joseph Minard）是将可视化应用于工程和统计的先驱。他用图形描绘了1812年拿破仑的军队在俄国战役中遭

受的损失,如图 6-2 所示。战争开始在波兰与俄国,粗带状图形代表了每个地点上军队的
规模。拿破仑军队在严寒的冬季从莫斯科撤退的路径则用下方较暗的带状图形表示,图
中标注了对应的温度和时间。著名的可视化专家、作家和评论家爱德华·塔夫特(Edward
Tufte)评论该图说:"这是迄今为止最好的统计图。"在这张图中,密纳德用一种艺术的方
式,详尽地表达了多个数据的维度(军队的规模、行军方向、军队汇聚、分散和重聚的时间
与地点、军队减员过程、地理位置和温度等)。19 世纪出现了许多伟大的可视化作品,其
中许多都记载在塔夫特的网站和可视化书籍中。

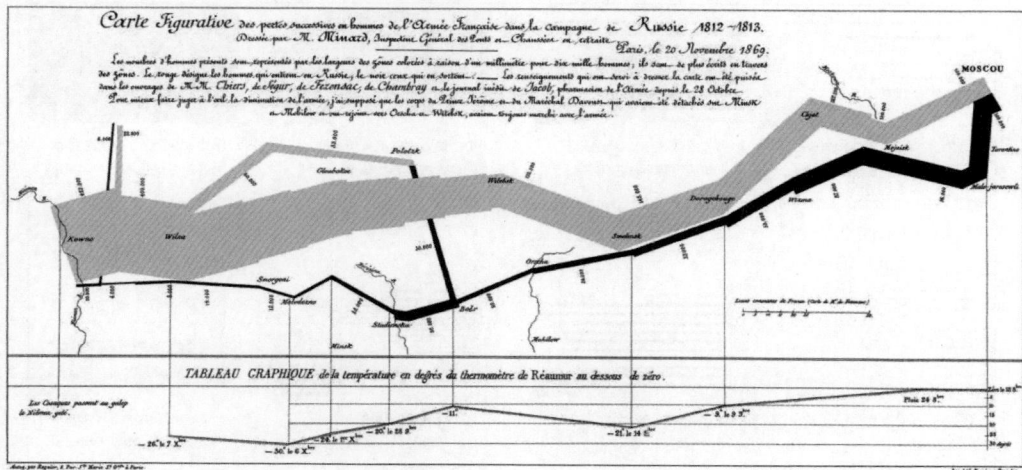

图 6-2 拿破仑进军莫斯科大败而归流图

到了 20 世纪上半叶,政府、商业机构和科研部门开始大量使用可视化统计图形。同
时,可视化在航空、物理、天文和生物等科学与工程领域的应用也取得突破性进展。可视
化的广泛应用让人们意识到其巨大潜力。这个时期的一个重要特点是多维数据可视化
和心理学的引入,使得可视化更加严谨和实用,更倾向于关注图表的颜色、数值比例和标
签。20 世纪中期,制图师和理论家贾可·伯金(Jacques Bergin)出版了《图形符号学》
(Semiology Graphique),在某种程度上可以认为该书是现代信息可视化的理论基础。
由于信息技术的快速发展,贾可·伯金提出的大部分模式已经过时,甚至完全不适用于
数字媒体,但是他的很多方法为信息时代的数据可视化提供了借鉴和参考。

进入 21 世纪,新的可视化媒介互联网出现,这催生了许多新的可视化技术。随着互
联网的普及,数据和可视化传播的受众越来越多,许多数据有着全球范围的可视化传播
需求,进一步促进了各种新形式的可视化快速发展。现在的屏幕媒体中大多融入了各种
交互、动画和图像渲染技术,并加入了实时的数据反馈,可以创建出沉浸式的数据交流和
使用环境。除了商业机构、科研部门和政府外,普罗大众每天也要在自己的屏幕上接触
大量的经过可视化的数据,可以说可视化已经渗透到了互联网上每个人的生活中。

在媒体的推波助澜的宣传下,现在似乎所有企业和个人都对数据非常感兴趣,这激
发了对可以更好地理解数据的可视化工具的需求。廉价的硬件传感器和易于创建系统
的软件框架降低了收集、处理与可视化数据的成本。互联网上出现了数不胜数的应用、

软件工具和底层代码库,帮助人们收集、组织、操作、可视化和理解各种来源的数据。互联网还扮演了可视化方法传播渠道的角色,来自不同地区的设计师、程序员、制图师、游戏设计者和数据分析师聚在一起,分享各种处理和可视化数据的新思路和新工具,包含可视化与非可视化方法。如图 6-3 所示,这是在某视频网站上搜索数据可视化出现的结果。可以看出,可视化在各个领域都有应用,而且展示出的结果非常受用户们欢迎。可视化帮助人们直观地了解自己的感兴趣领域的数据,各种自媒体都倾向于使用可视化来增加关注度,吸引流量。

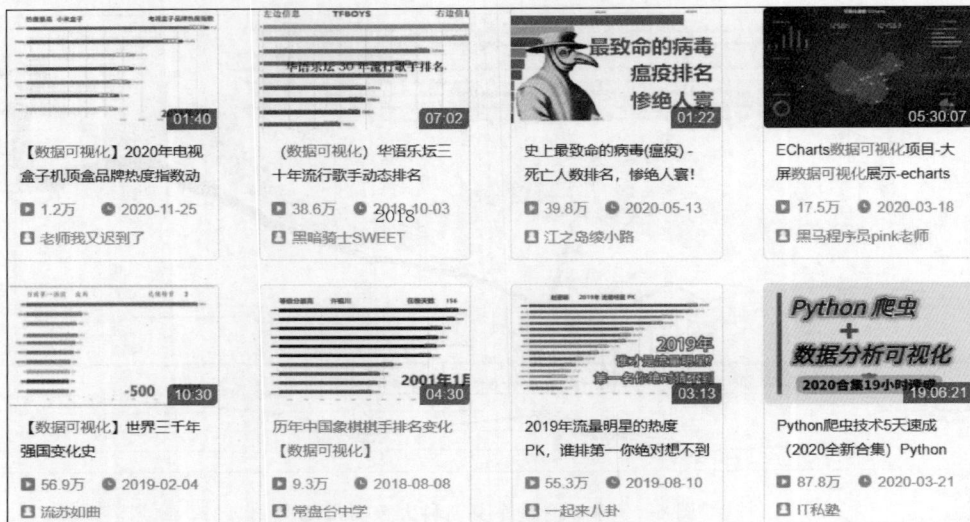

图 6-3　关于数据可视化的各种视频

直到近些年,可视化技术的发展也不曾停下。谷歌地图使界面操作的习惯(单击平移、双击缩放)和交互式地图的显示技术变得大众化,这使得大部分人在面对在线地图时都知道如何使用,使用截图如图 6-4 所示。Flash 作为一种跨浏览器的平台,在上面可以开发丰富、漂亮的应用,融入可交互的数据可视化图表。而更新的浏览器显示技术,例如 canvas 和 SVG(有时统称 HTML 5 技术)将动态的可视化界面扩展到移动设备上,在移动互联网时代几乎要取代 Flash。

图 6-4　谷歌地图截图示例

6.1.2　数据可视化的分类

　　数据可视化的处理对象是数据。根据所处理的数据对象用途的不同,数据可视化可分为科学可视化与信息可视化。科学可视化面向科学和工程领域数据,如三维空间测量数据、计算模拟数据和医学影像数据等,重点探索如何以几何、拓扑和形状特征来呈现数据中蕴含的规律;信息可视化的处理对象则是非结构化的数据,如金融交易、社交网络和文本数据,其核心挑战是如何从大规模高维复杂数据中提取出有用信息。

　　科学可视化是可视化领域发展最早、最成熟的一个学科,其应用领域包括物理、化学、气象气候、航空航天、医学、生物学等各个学科,涉及对这些学科中数据和模型的解释、操作与处理,旨在寻找其中的模式、特点、关系及异常情况,如图6-5就是一个化学实验结果可视化的例子,可以很直观地看出其中峰值数据的数量,以及它们横纵坐标的大小。

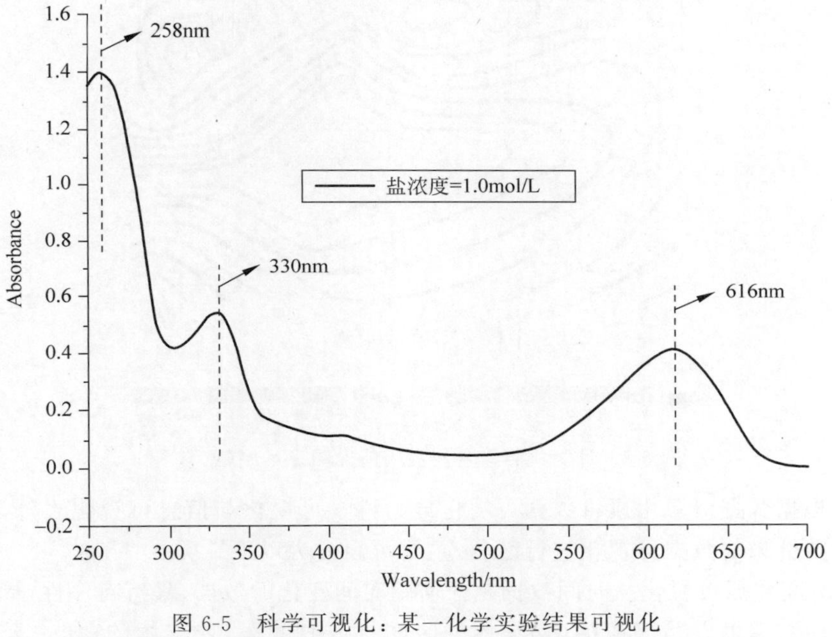

图 6-5　科学可视化:某一化学实验结果可视化

　　科学可视化的基础理论与方法已经相对成熟,其中有一些方法已广泛应用于各个领域。最简单的科学可视化方法是颜色映射法,它将不同的值映射成不同的颜色,热力图就是其中一种,如图6-6所示。科学可视化方法还包括轮廓法(Contouring),轮廓法是将数值等于某一指定阈值的点连接起来的可视化方法,地图上的等高线、天气预报中的等温线都是典型的轮廓可视化的例子,如图6-7所示。

　　与科学可视化相比,信息可视化的数据更贴近人们的生活与工作。常见的计算机磁盘空间占用情况图标就属于信息可视化的范畴。如图6-8所示,磁盘空间占用情况可以从线条颜色、长度直观看出:红色代表磁盘空间即将占满,蓝色代表磁盘空间剩余较多;线条越长,已占用的空间越大。

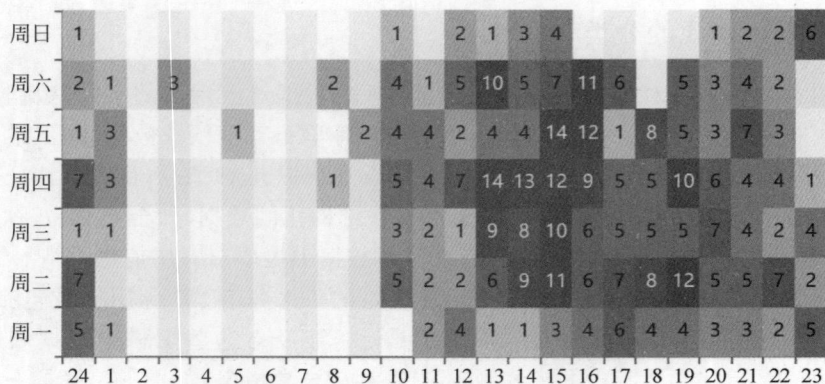

图 6-6　颜色映射法示例(见彩图)

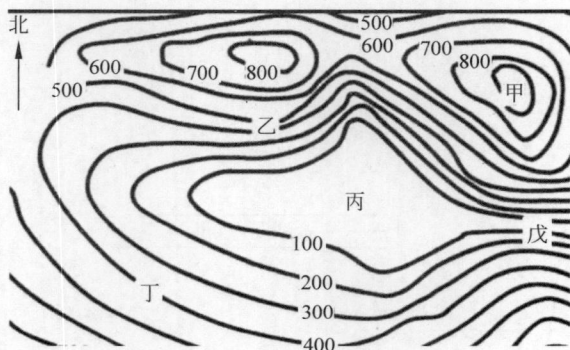

图 6-7　等高线示例(＊)

图 6-8　计算机磁盘空间占用情况图标示例(见彩图)

除了根据数据对象用途将数据可视化分为科学可视化与信息可视化之外,还可以根据数据的特性来对数据可视化进行区分,主要可以分为以下 5 类。

(1)时间数据可视化。时间数据是任何随时间变化的数据,具有有序性、周期性和结构性。时间数据可以是离散的(如具体的时间点或时间段)或连续的(如一天中的气温变化)。

(2)比例数据可视化。比例数据通常按照类别、子类别或群体进行划分,用于显示整体中的最大值、最小值、整体的构成分布及各部分之间的相对关系。

(3)关系数据可视化。关系数据关注的是数据点之间的关系,而不是通常的数据表之间的关系。关系数据可以是简单的对比关系,也可以是复杂的关联、层次或网络关系。

(4)文本数据可视化。文本数据主要处理的是非结构化的文本信息,如文章、评论、社交媒体帖子等。文本数据通常需要进行分词、去停用词、词频统计等预处理步骤,以便进行可视化分析。

(5)复杂数据可视化。复杂数据通常指的是具有多个维度、属性或类型的数据集,这些数据集可能包含时间、比例、关系和文本等多种类型的数据。复杂数据可能具有复杂的结构,如多维数组、数据库表、图形网络等。

在实际应用中,需要根据具体的数据类型和分析需求选择合适的数据可视化方法。

6.2　时间数据可视化

每一个数据都是带有时间的,只不过在特定的情况下会把时间忽略掉,只关注扁平的数据。在大数据时代,随着数据处理能力的增强和处理方法的增多,时间数据越来越受重视。

对于数据来说,时间是一个关键的维度和属性。历史数据的积累造就了大数据的"体量"。无论是金融领域的股票交易价格和成交量,商业领域的商品销售价格和销量,还是社会经济指标如国内生产总值(GDP)和消费者物价指数(CPI),以及气象观测、生物种群变化等数据,时间数据无处不在,而且极为重要。它们不仅记录了历史,更为国家政策的制定、企业战略的调整提供了关键依据。

本节主要介绍时间数据可视化的方法及应用。

6.2.1　时间数据可视化的方法

可视化时间数据的根本目的在于揭示其随时间的变化趋势。这涉及一系列关键问题的探讨:随着时间变化哪些因素保持稳定? 哪些发生了变化? 变化的方向是上升还是下降? 变化的原因是什么? 不同数据的变化方向是否一致? 它们之间的变化幅度是否相关联? 是否存在周期性变化的规律? 这些变化展现的模式远远超出了任何单一时刻的范畴,蕴含着深刻的信息,这些信息只有通过时间维度的深入观察和分析才能被完全揭示。

时间数据的常见图形表示方法有以下 6 种。

(1)阶梯图。阶梯图通常用于纵坐标值在某个特定时间发生突然变化的情况。阶梯图可以用无规律、间歇阶跃的方式表达数值随时间的变化。例如,银行利率就可以用阶梯图表示:银行利率一般在较长时间内保持不变,由银行选择在特定时间节点进行调整。阶梯图的基本框架如图 6-9 所示。

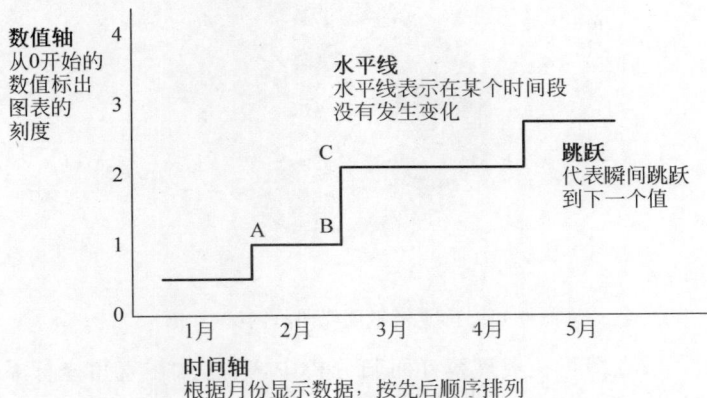

图 6-9　阶梯图的基本框架

（2）折线图。折线图是用直线段将各数据点连接起来而组成的图形，以折线方式显示数据的变化趋势。在折线图中，沿水平轴均匀分布的是时间，沿垂直轴均匀分布的是数值。折线图比较适用于表现趋势，常用于展现如人口增长趋势、书籍销售量、粉丝增长进度等时间数据。这种图表类型的基本框架如图 6-10 所示。

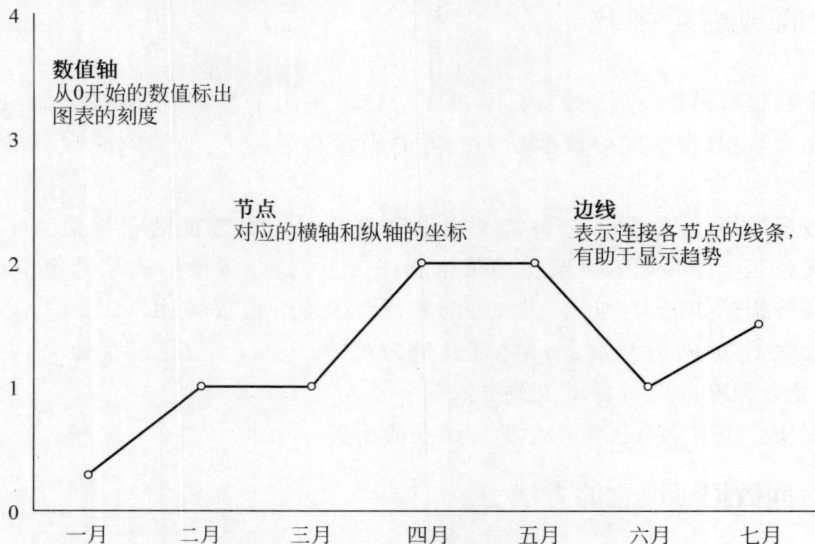

图 6-10　折线图的基本框架

（3）南丁格尔玫瑰图。南丁格尔玫瑰图是英国护士和统计学家弗罗伦斯·南丁格尔发明的，又名为极坐标面积图，是一种圆形的直方图。南丁格尔常称这类图为鸡冠花图（coxcomb），用以表达军医院季节性的死亡率，提供给那些不太能理解传统统计报表的公务人员。该图适用于绘制随时间变化的循环现象。传统的饼图展示形式单一，而南丁格尔玫瑰图更加绚丽，给人的感觉更直观、深刻，因此，南丁格尔玫瑰图在数据可视化领域的应用十分广泛。南丁格尔玫瑰图示例如图 6-11 所示。

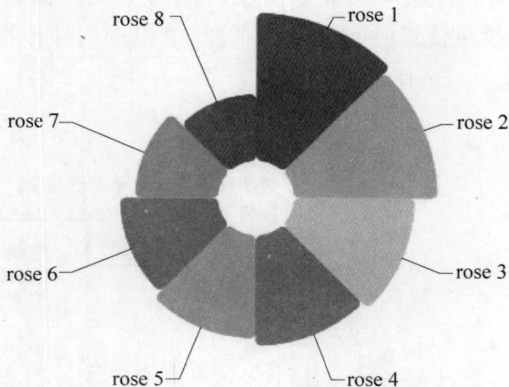

图 6-11　南丁格尔玫瑰图示例（见彩图）

（4）散点图。散点图指在数理统计回归分析中，数据点在直角坐标系平面上的分布图。散点图表示因变量随自变量而变化的趋势，由此趋势可以选择合适的函数根据经验分布拟合,进而找到变量之间的函数关系。散点图的水平轴表示时间,垂直轴表示对应的数值。散点图的基本框架如图 6-12 所示。

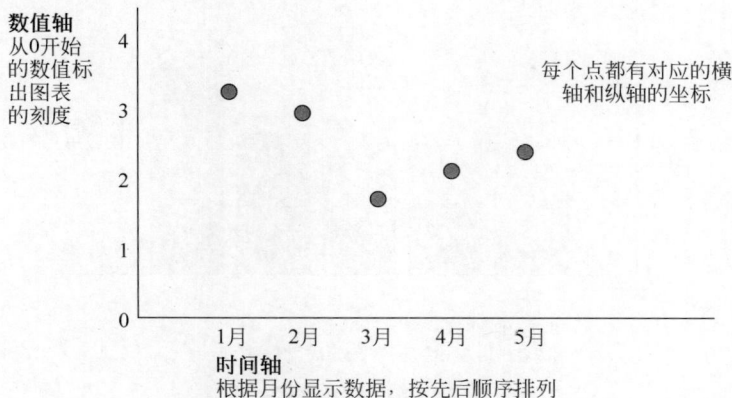

数值轴
从0开始的数值标出图表的刻度

每个点都有对应的横轴和纵轴的坐标

时间轴
根据月份显示数据,按先后顺序排列

图 6-12　散点图的基本框架

(5)柱形图。柱形图又称条形图、直方图,是以高度或长度的差异来显示统计指标数值的一种图形。柱形图简明、醒目,是一种常用的统计图形,图 6-13 所示为其基本框架。柱形图一般用于显示一段时间内的数据变化或显示各项之间的比较情况。数值的体现就是柱形的高度。柱形越矮则数值越小,柱形越高则数值越大。需要注意的是,柱形的宽度与相邻柱形间的间距决定了整个柱形图视觉效果的美观程度。如果柱形的宽度小于间距,则会使读者的注意力集中在空白处而忽略了数据,所以合理地选择宽度很重要。

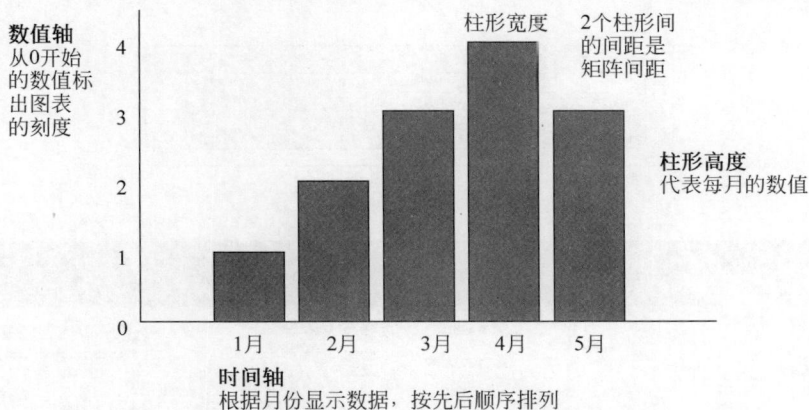

数值轴
从0开始的数值标出图表的刻度

柱形宽度

2个柱形间的间距是矩阵间距

柱形高度
代表每月的数值

时间轴
根据月份显示数据,按先后顺序排列

图 6-13　柱形图的基本框架

(6)堆叠柱形图。堆叠柱形图是普通柱形图的变体,堆叠柱形图会在一个柱形上叠加一个或多个其他柱形,一般它们具有不同的颜色。若数据存在子分类,并且这些子分类相加有意义的话,则可以使用堆叠柱形图来表示。堆叠柱形图的基本框架如图 6-14 所示。

6.2.2　时间数据可视化的应用

本节将展示如何使用 Excel 对真实时间数据进行可视化。首先从互联网上搜集2016—2020 年普通本专科、普通高中、中等职业教育招生数据,如图 6-15 所示(图中人数单位为万人）。根据数据特点,选择堆叠柱形图对其进行可视化。

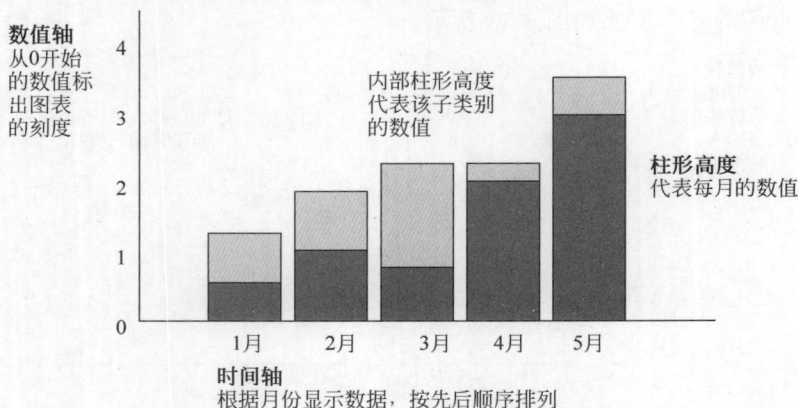

图 6-14   堆叠柱形图的基本框架

	A	B	C	D	E	F	G
1		2016	2017	2018	2019	2020	
2	普通本专科	749	761	791	915	967	
3	普通高中	803	800	793	839	876	
4	中等职业教育	593	582	557	600	645	
5							

图 6-15   2016—2020 年普通本专科、普通高中、中等职业教育招生数据

首先按住鼠标左键,选中全部的数据,如图 6-16 所示。然后单击顶部标签栏的"插入"选项来切换工具栏,在工具栏中选择"堆积柱形图"选项,如图 6-17 所示,生成的图形如图 6-18 所示。

	A	B	C	D	E	F	G
1		2016	2017	2018	2019	2020	
2	普通本专科	749	761	791	915	967	
3	普通高中	803	800	793	839	876	
4	中等职业教育	593	582	557	600	645	
5							

图 6-16   选中数据

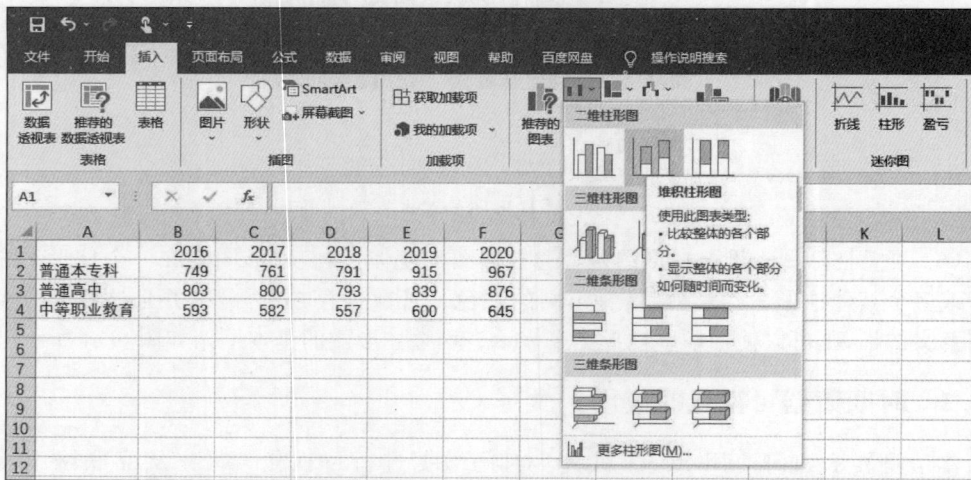

图 6-17   选择插入堆积柱形图

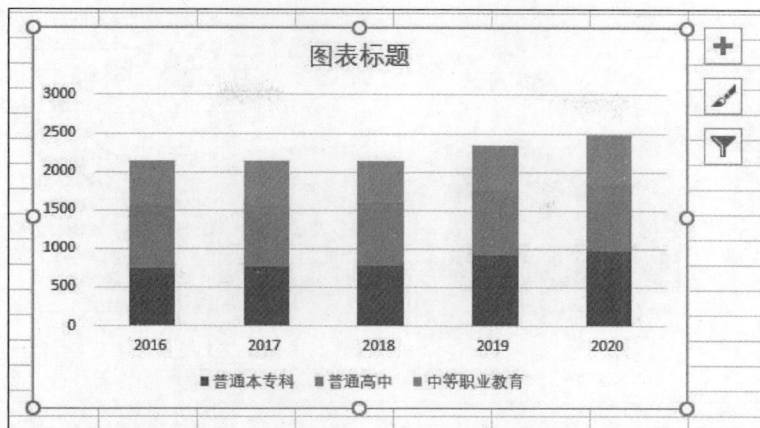

图 6-18   初步生成的堆积柱形图(见彩图)

可以方便地看出这三类学校招生的总人数随着时间的变化趋势。但是如果特定到某一类学校,则很难看出每年招生人数是如何变化的。接下来针对这种情况,对原始图形进行修改,使其更加直观易懂。

选中图形,在工具栏中选择"添加图标元素"→"线条"→"系列线"选项。可以看到一系列的辅助折线被添加进原始图形中,它们连接相邻的、同种颜色的堆叠块,如图 6-19 所示。通过观察相邻的两条折线的走向,可以直观清晰地看出某一类学校的招生人数随时间的变化。

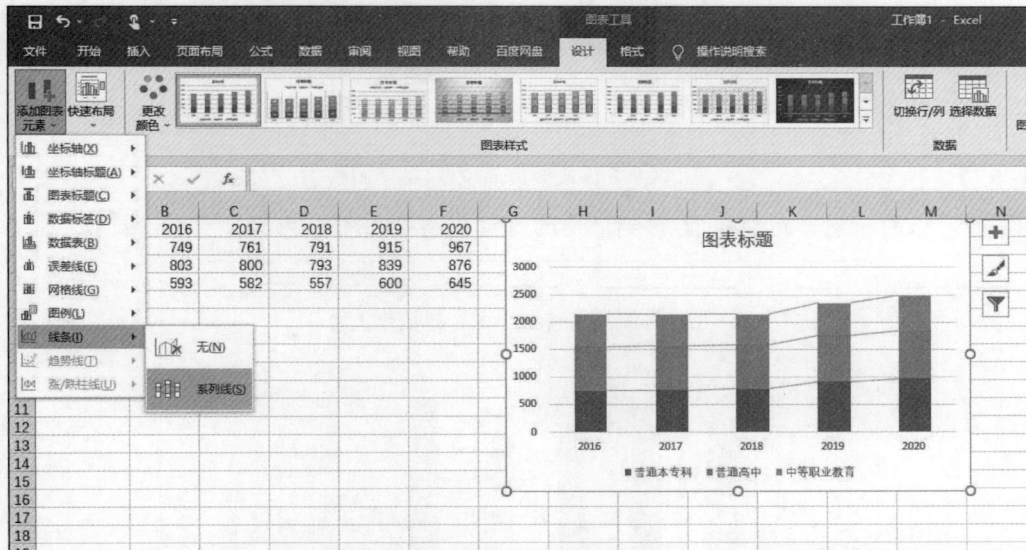

图 6-19   添加系列线(见彩图)

当单击堆叠柱形图时,右侧会出现三个按钮,单击第一个加号可以添加坐标轴标题、图例等元素,如图 6-20 所示。在初始生成的图形中,图例在图形的底部,不美观,将图例设置到图形的右边,如图 6-21 所示。

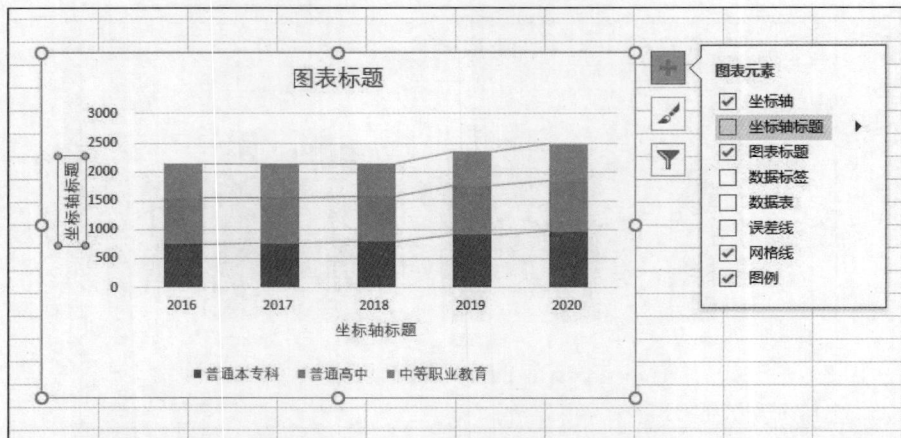

图 6-20　添加坐标轴标题、图例等元素(见彩图)

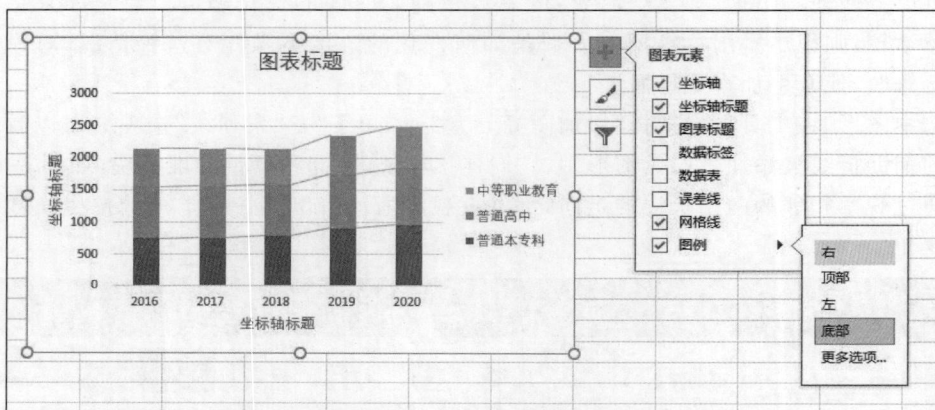

图 6-21　修改图例的位置(见彩图)

将坐标轴标题等元素补全,得到最终的可视化结果如图 6-22 所示。

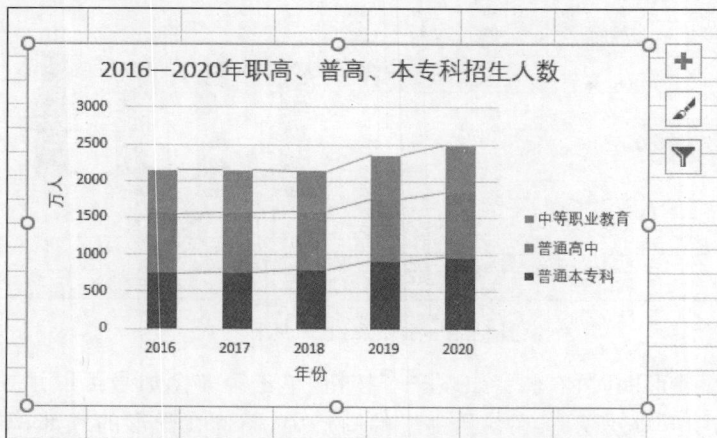

图 6-22　最终的可视化结果(见彩图)

6.3　比例数据可视化

　　比例数据是根据类别或子类别来进行划分的数据。对于比例数据,进行可视化是为了寻找占整体比例的最小值、最大值、整体的分布构成及各部分之间的相对数量关系。前两者比较简单,将比例数据由小到大进行排列,位于两端的分别就是最小值和最大值。例如,市场份额占比的最小值和最大值,分别代表市场份额最少和市场份额最多的公司;如果画出一顿早餐中食物卡路里含量占比图,那么最小值、最大值分别对应卡路里含量最少和最多的食物。然而,研究者更关心的整体分布构成及各部分之间的相对关系,并不是那么容易获取。早餐中鸡蛋、面包、牛奶中都含有同样多的卡路里吗? 是不是存在某一种成分的卡路里含量占绝大多数? 本节涉及的图表类型可以解答类似的问题。

6.3.1　比例数据可视化的方法

　　比例数据可视化涉及部分与整体的刻画,有多种可以选择的可视化图表,它们用不同的形状和组织方式来从不同角度突出部分与整体的关系。

　　(1)饼图。饼图是十分常见的统计学模型,用来表示比例关系十分直观形象。饼图在设计师手里能衍生出视觉效果各异的图形,但是它们都遵循饼图的基本框架,如图 6-23 所示。虽然饼图可以在对应的部分标上精确数据,但是有时楔形角度过小,数据标注会存在一定困难,无法兼顾美观。饼图可以直观呈现各部分占比差别,以及部分与整体之间的比例关系。

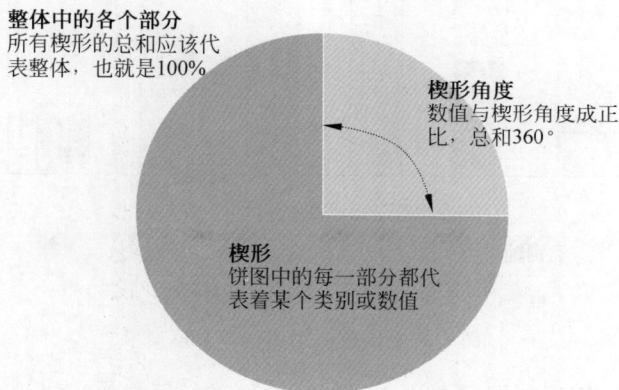

整体中的各个部分
所有楔形的总和应该代表整体,也就是100%

楔形角度
数值与楔形角度成正比,总和360°

楔形
饼图中的每一部分都代表着某个类别或数值

图 6-23　饼图的基本框架

　　(2)环形图。环形图是饼图去除中间部分所构成的图形。环形图的每一部分数据用环中的一段表示。环形图可显示多个样本各部分所占的相应比例,从而有利于构成的比较研究。不同于饼图采用的角度,环形图是通过各个弧形的长度衡量比例大小。环形图的基本框架如图 6-24 所示。

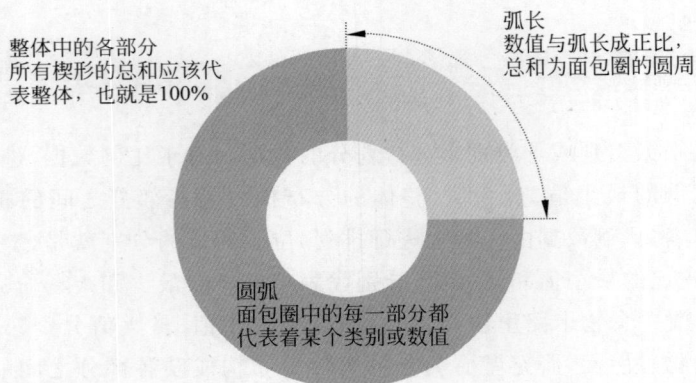

整体中的各部分
所有楔形的总和应该代
表整体，也就是100%

弧长
数值与弧长成正比，
总和为面包圈的圆周

圆弧
面包圈中的每一部分都
代表着某个类别或数值

图 6-24　环形图的基本框架

（3）堆叠柱形图。堆叠柱形图也可以用来呈现比例数据，其基本框架如图 6-25 所示。实际应用中数值轴一般表示比例。堆叠柱形图在进行比例变化的比较时是具有优势的。

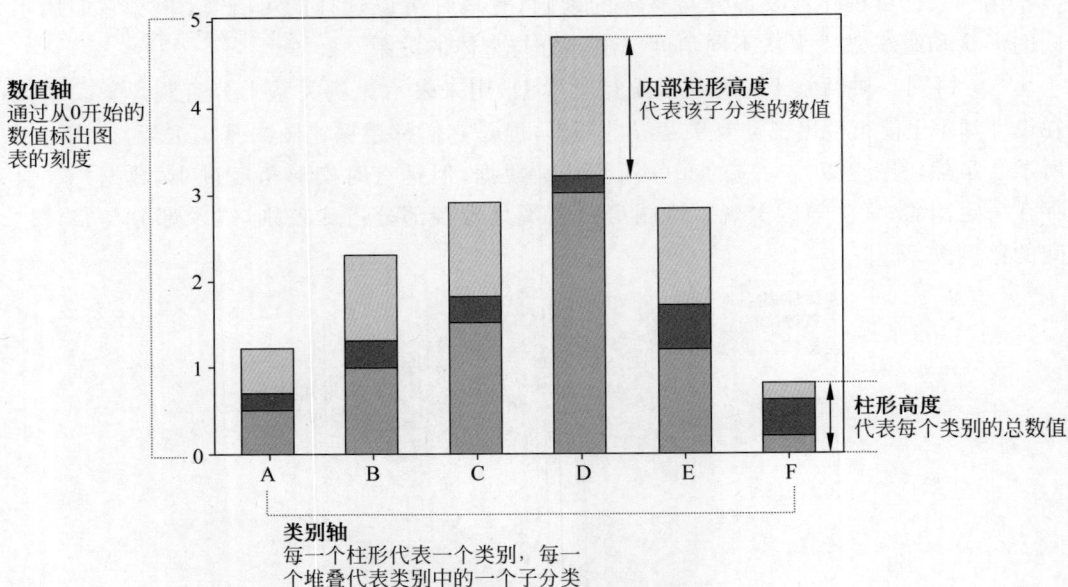

数值轴
通过从0开始的
数值标出图
表的刻度

内部柱形高度
代表该子分类的数值

柱形高度
代表每个类别的总数值

类别轴
每一个柱形代表一个类别，每一
个堆叠代表类别中的一个子分类

图 6-25　堆叠柱形图的基本框架

（4）矩形树图。矩形树图主要用来对树形数据进行可视化。树是由有限节点组成的一个具有层次关系的集合，每一个节点有零个或多个子节点，没有父节点的节点称为根节点，每一个非根节点有且只有一个父节点。矩形树图是一种基于面积的可视化方式。外部矩形代表父类别，内部矩形代表子类别。矩形树图可以呈现树形结构的数据比例关系，其基本框架如图 6-26 所示。当类目数据较多且有多个层次的时候，饼图的展示效果往往会打折扣，而矩形树图能更清晰、层次化地展示数据的占比关系。电子商务、产品销售等涉及大量品类的分析都可以用矩形树图。

图 6-26 矩形树图的基本框架

6.3.2 比例数据可视化的应用

本节将介绍一种结合饼图和树图的特性，并且能够清晰地展示数据间的层级关系和比例情况的可视化工具——旭日图。

旭日图是一种圆环镶接图，利用多个嵌套的圆环来表示数据的层级结构，每个圆环代表一个层级的数据分类。离原点越近的圆环表示层级越高，最内层的圆环代表层次结构的顶级，然后一层一层向外展示更细分的数据。

从国家统计局网站下载关于中国东部地区、中部地区、西部地区各省、东北地区各省、自治区、直辖市的生产总值数据，如图 6-27 所示（C 列单位/亿元）。

首先选中需要绘制的数据。按住鼠标左键的同时选中 A、B、C 三列的全部数据，如图 6-28 所示。然后单击顶部标签栏的“插入”选项来切换工具栏，在工具栏中找到“旭日图”选项，如图 6-29 所示。

	A	B	C
1	东部地区	北京市	43760.7
2		天津市	16737.3
3		河北省	43944.1
4		上海市	47218.7
5		江苏省	128222.2
6		浙江省	82553.2
7		福建省	54355.1
8		山东省	92068.7
9		广东省	135673.2
10		海南省	7551.2
11	中部地区	山西省	25698.2
12		安徽省	47050.6
13		江西省	32200.1
14		河南省	59132.4
15		湖北省	55803.6
16		湖南省	50012.9
17	西部地区	内蒙古自治区	24627
18		广西壮族自治区	27202.4
19		重庆市	30145.8
20		四川省	60132.9
21		贵州省	20913.3
22		云南省	30021.1
23		西藏自治区	2392.7
24		陕西省	33786.1
25		甘肃省	11863.8
26		青海省	3799.1
27		宁夏回族自治区	5315
28		新疆维吾尔自治区	19125.9
29	东北地区	辽宁省	30209.4
30		黑龙江省	15883.9
31		吉林省	13531.2
32			

图 6-27 示例数据

	A	B	C
1	东部地区	北京市	43760.7
2		天津市	16737.3
3		河北省	43944.1
4		上海市	47218.7
5		江苏省	128222.2
6		浙江省	82553.2
7		福建省	54355.1
8		山东省	92068.7
9		广东省	135673.2
10		海南省	7551.2
11	中部地区	山西省	25698.2
12		安徽省	47050.6
13		江西省	32200.1
14		河南省	59132.4
15		湖北省	55803.6
16		湖南省	50012.9
17	西部地区	内蒙古自治区	24627
18		广西壮族自治区	27202.4
19		重庆市	30145.8
20		四川省	60132.9
21		贵州省	20913.3
22		云南省	30021.1
23		西藏自治区	2392.7
24		陕西省	33786.1
25		甘肃省	11863.8
26		青海省	3799.1
27		宁夏回族自治区	5315
28		新疆维吾尔自治区	19125.9
29	东北地区	辽宁省	30209.4
30		黑龙江省	15883.9
31		吉林省	13531.2
32			

图 6-28 选中绘图需要的数据

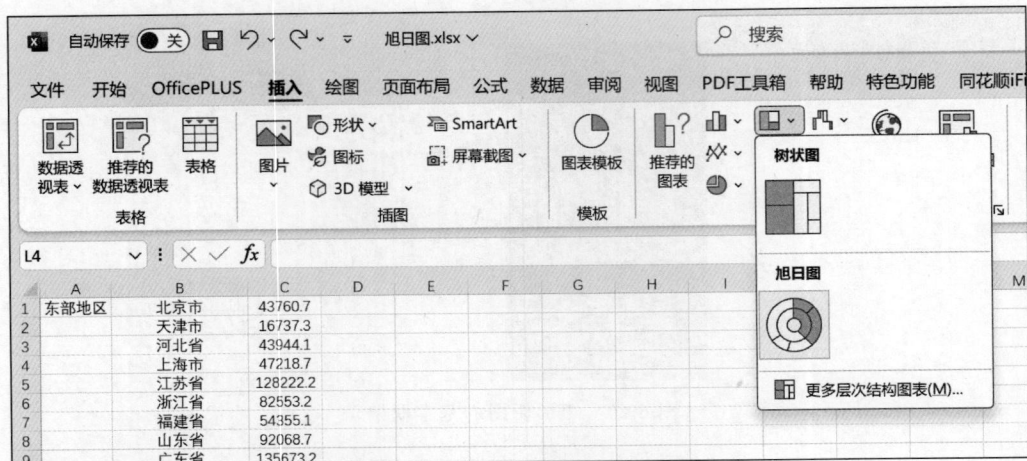

图 6-29　选择插入旭日图

初步生成的旭日图如图 6-30 所示。

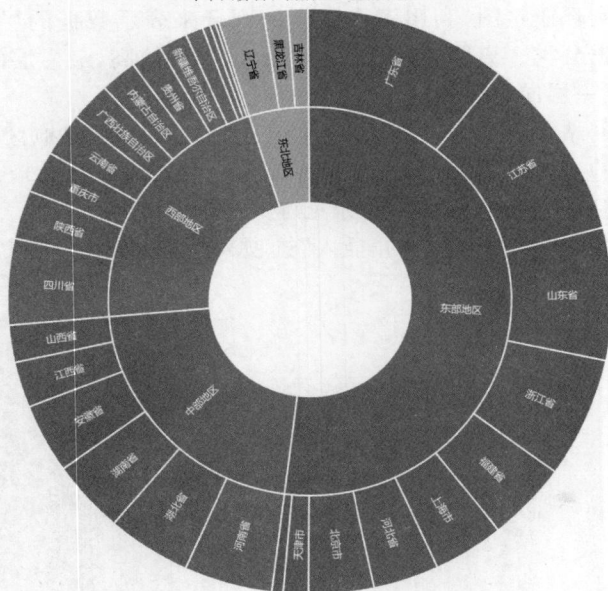

图 6-30　初步生成的旭日图（见彩图）

在初步的旭日图,只能看到各地区生产总值占全国生产总值的大概份额,但是直观性不强,不能够得到的具体的数据,需要对图进行修改。

选中图形,把各个省级行政单位的生产总值数据插入到图形中:选择插入数据标签,如图 6-31 所示。然后设置插入数据的格式,如图 6-32 和图 6-33 所示。

经过上面步骤的操作,得到了如图 6-34 所示的旭日图,可以在图形中得到需要的数据,同时图形的直观性强。

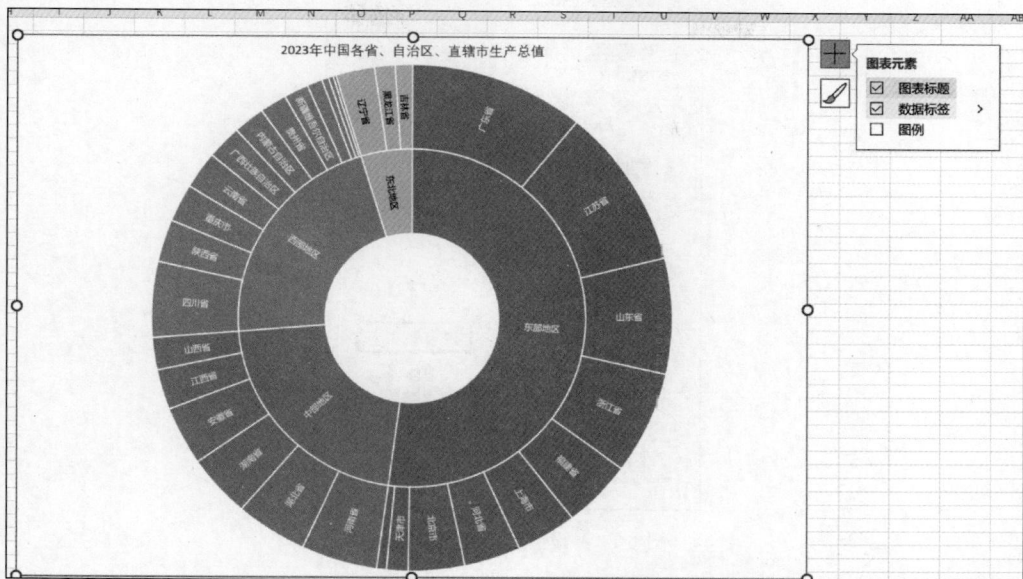

图 6-31 插入数据（见彩图）

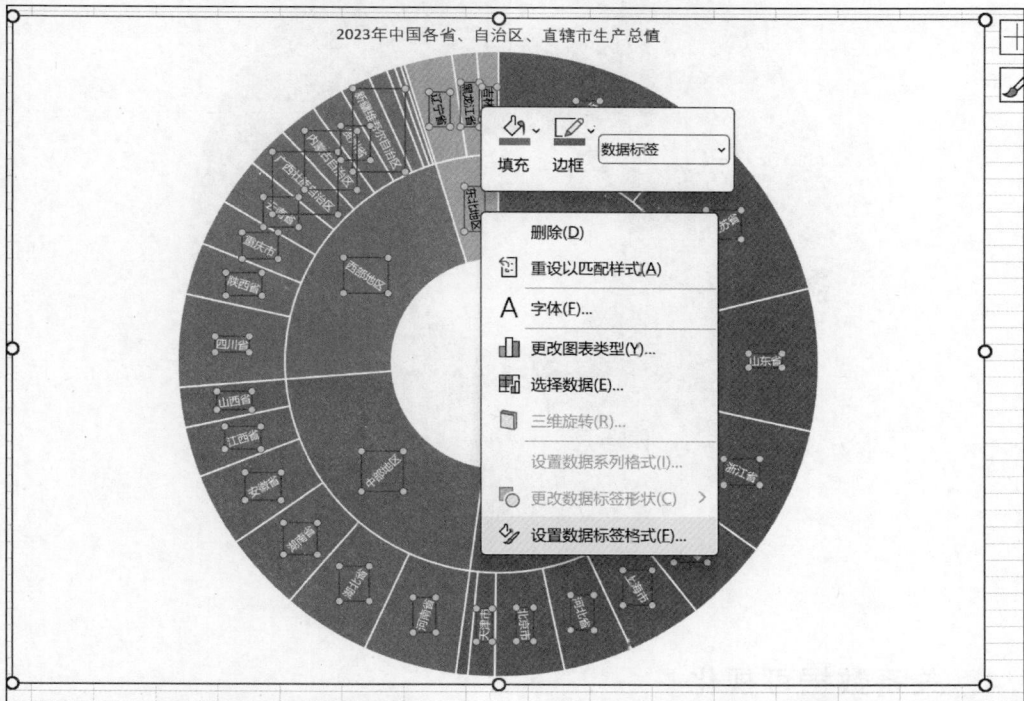

图 6-32 选择设置数据标签格式（见彩图）

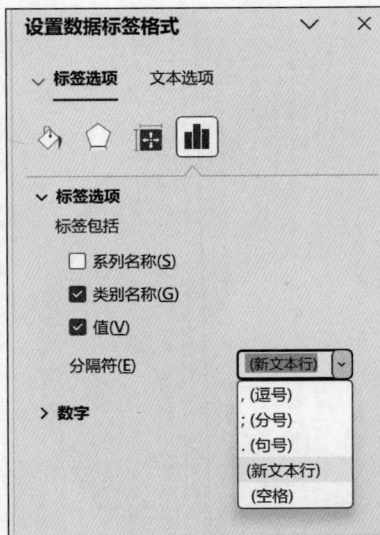

图 6-33　设置数据标签的格式

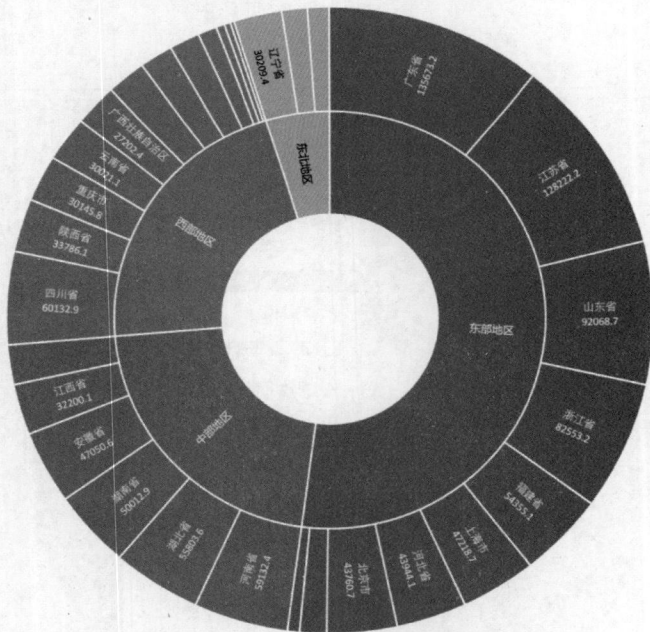

图 6-34　最终生成的旭日图（见彩图）

6.4　关系数据可视化

视频讲解

　　数据的一个重要价值是可以帮助人们找到变量之间的联系，发掘事物背后的因果关系。在进行数据挖掘前的重要一步就是探索变量的相关关系，进而才能探索背后可能隐藏着的因果关系。

　　分析数据时,不仅可以从整体进行观察,还可以关注数据的分布,如数据间是否存在重叠或者是否毫不相干? 还可以从更宽泛的角度观察各个分布数据的相关关系。其实最重要的一点就是数据在进行可视化处理后,呈现在读者眼前的图表所表达的意义是什么。

　　本节将从数据的关联性与数据的分布性两个角度讲解关系数据的可视化方法。

6.4.1　关系数据可视化的方法

　　数据的关联性,即数据相关性,指数据之间存在某种关系。数据相关分析具有可以快捷、高效地发现事物间内在关联的优势,有效地应用于推荐系统、商业分析、公共管理、医疗诊断等领域。

　　事物之间的关联性是比较容易被发现的,但是关联并不代表存在因果关系。例如,大豆的价格上涨,猪肉的价格可能也会上涨,但是大豆的价格上涨可能不是猪肉上涨的原因。尽管如此,关联性还是能带来巨大的价值的,如大豆的价格已经上涨了,那么就可以抓紧时间囤一些猪肉,这样往往能省下一笔钱,至于背后是否存在因果关系,就没那么重要了。数据可视化就是在告诉人们分析结果是"什么",而不是"为什么".

　　数据的关联性,其核心就是指量化的两个数据间的数理关系。关联性强,指当一个数值变化时,另一个数值也会随之相应地发生变化。相反地,关联性弱,指当一个数值变化时,另一个数值几乎没有发生变化。通过数据关联性,就可以根据一个已知的数值变化来预测另一个数值的变化。下面通过散点图、散点图矩阵、气泡图来研究这类关系。

　　6.2.1 节中已经介绍了以时间为横轴的散点图,这类散点图可以理解为用于发现数据和时间之间的关联关系。将横轴替换为其他变量,就可以用于比较跨类别的聚合数据。一般有三种关系:正相关、负相关和不相关,具体呈现如图 6-35 所示。正相关时,横轴数据和纵轴数据变化趋势相同;负相关时,横轴数据和纵轴数据变化趋势相反;不相关时,散点的排列是杂乱无章的。在统计学中有更科学的方法(如相关系数)衡量两个变量的相关性,但是散点图往往是判断相关性的最简单、直观的方法,在计算相关系数前通常依靠散点图作出初步判断。

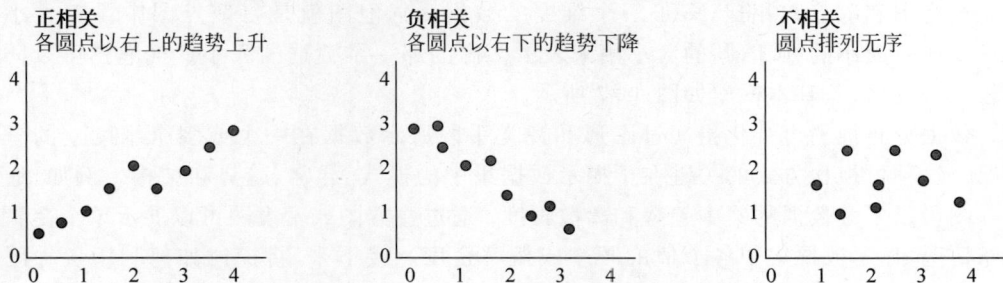

图 6-35　散点图与相关性判断示例

　　散点图矩阵是借助两变量散点图的作图方法,它可以看作是一个大的图形方阵,其每一个非主对角元素的位置上是对应行的变量与对应列的变量的散点图,而主对角元素位置上是各变量名。借助散点图矩阵可以清晰地看到所研究多个变量两两之间的相关关系，其基本框架如图 6-36 所示。

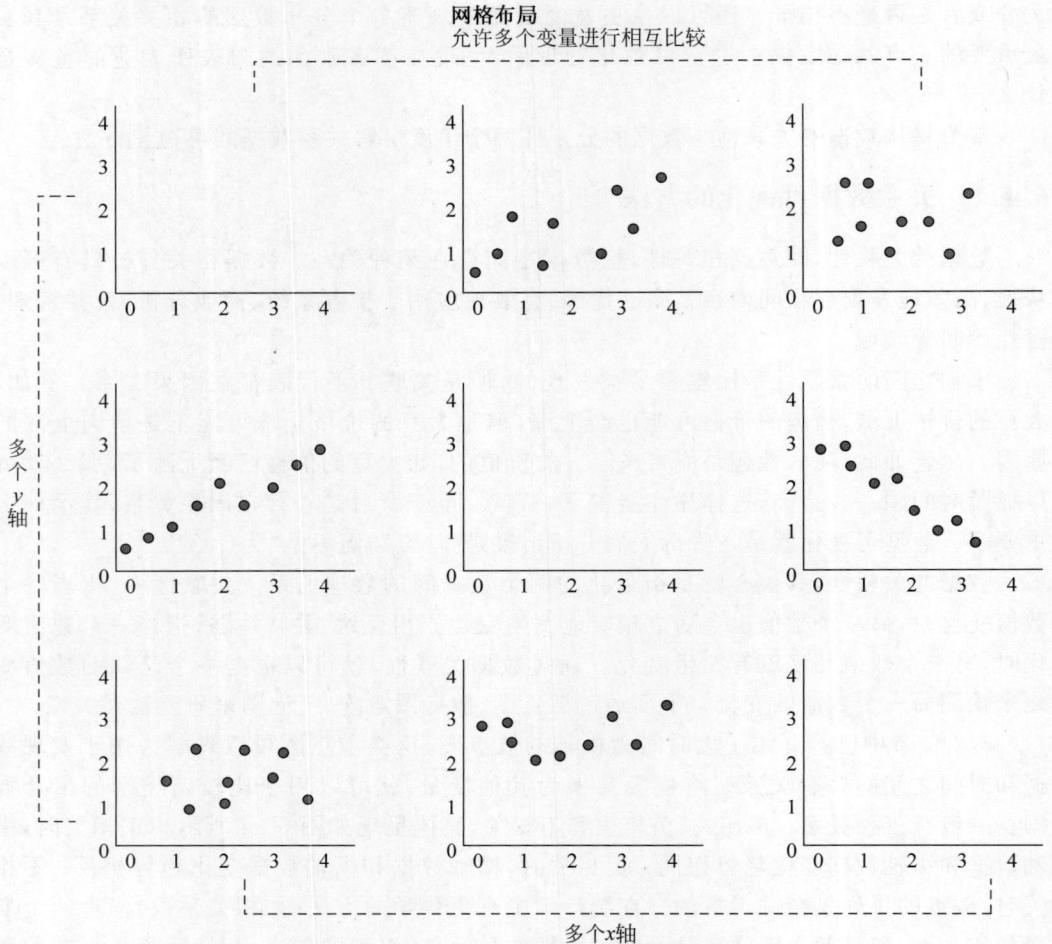

图 6-36　散点图矩阵的基本框架

气泡图和散点图相比，多了一个维度的数据。气泡图就是将散点图中没有大小的"点"变成有大小的"圆"，圆的大小用来表示多出的那一维数据的大小。气泡图可以同时比较三个变量，其基本框架如图 6-37 所示。

数据分布性的可视化指通过图形和视觉手段展示数据在一个或多个维度上的分布情况。这种可视化方式的关键在于揭示数据集中的模式、异常、趋势和结构。例如，通过茎叶图可以了解数据的集中趋势和离散程度；通过直方图或密度图可以展示单个变量的分布情况，显示数据集中各个值的频率或概率密度。接下来，将探讨如何利用各种图表和视觉工具来有效地展示数据的分布特性。

茎叶图又称"枝叶图"，是由 20 世纪早期的英国统计学家阿瑟·鲍利（Arthur Bowley）设计的。1997 年，统计学家约翰·托奇（John Tukey）在其著作《探索性数据分析》（*Exploratory Data Analysis*）中将这种绘图方法介绍给大家，从此这种作图方法变得流行起来。茎叶图

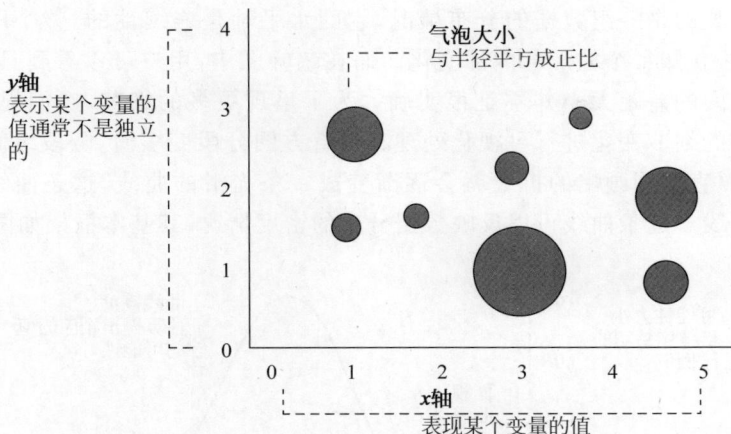

图 6-37 气泡图的基本框架

示例如图 6-38 所示。茎叶图的思路是将数组中的数按位数进行比较,将数的大小基本不变或变化不大的位作为一主干(茎),将变化大的位的数作为分枝(叶),列在主干的后面,这样就可以清楚地看到每个主干后面有几个数,每个数具体是多少。

　　直方图与茎叶图类似,若逆时针翻转茎叶图,则行就变成列;若是把每一列的数字改成柱形,则得到一个直方图。直方图又称质量分布图,是数值数据分布的精确图形表示。直方图中柱形的高度表示的是数值频率,柱形的宽度是取值区间。水平轴和垂直轴与一般的柱形图不同,它是连续的;一般的柱形图的水平轴是分离的,如图 6-39 所示。

茎	树叶
0	58
1	2357
2	0005889
3	001333667777777888899
4	13555677888899
5	0001111268
6	00112444444889
7	055557
8	3445666789
9	012222556899
10	22257

原始数据:
102, 102, 102, 105, 107

图 6-38 茎叶图示例

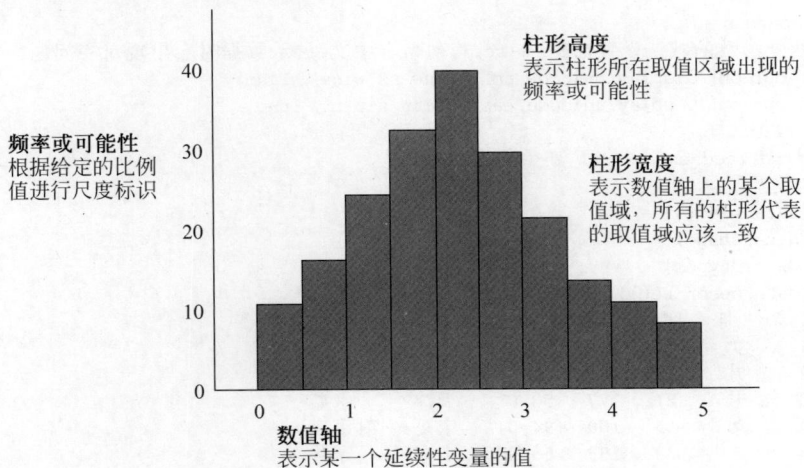

图 6-39 直方图的基本框架

直方图反映的是一组数据的分布情况,它的水平轴是连续性的,整个图表呈现的是柱形,用户无法获知每个柱形的内部变化。而在茎叶图中,用户可以看到具体数字,但是要求比较数值间的差距大小并不是很明确。为了呈现更多的细节,人们提出了密度图,可用它对分布的细节变化进行可视化处理。当直方图分段变多时,分段之间的组距就会缩短,此时依照直方图画出的折线就会逐渐变成一条光滑的曲线,这条曲线就称为总体的密度分布曲线。这条曲线可以反映数据分布的密度情况,其基本框架如图 6-40 所示。

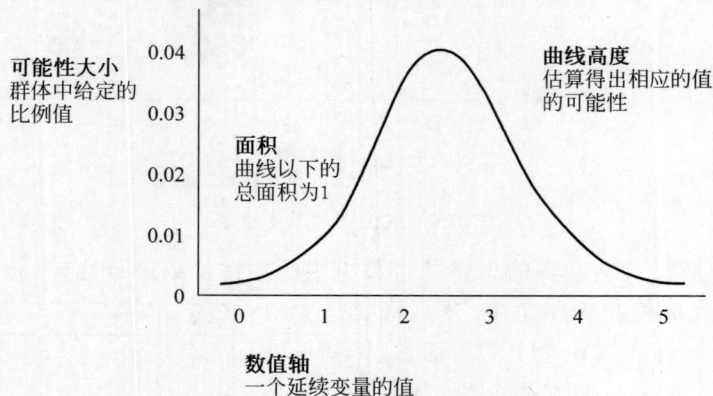

图 6-40　密度图的基本框架

6.4.2　关系数据可视化的应用

每年开学季时,很多学校都会为新生制作一份描述性统计分析报告,并用公众号推送给新生。这份报告里面有各式各样的统计图,可以直观地认识各种数据。下面将介绍如何使用 Python 绘制新生中的男生身高分布图。本节将提供一份 Excel 格式的数据,里面包含新生的性别、年龄、身高、体重、籍贯等基本信息。

用 Pandas 中的 read_excel()函数导入表格信息,并查看数据信息,代码和输出如下。

```python
import pandas as pd
# 这两个参数的默认设置都是 False,若列名有中文,展示数据时会出现对齐问题
pd.set_option('display.unicode.ambiguous_as_wide', True)
pd.set_option('display.unicode.east_asian_width', True)
#读取数据
data = pd.read_excel(r'D:\新生数据.xls')
#查看数据信息
print(data.head())
print(data.shape)
print(data.dtypes)
print(data.describe())
```

```
   序号 性别 年龄 身高 体重   籍贯   星座
0   1   女  19  164  57.4  陕西  双子座
1   2   男  19  173  63.0  福建  射手座
2   3   男  21  177  53.0  天津   水瓶
3   4   女  19  160  94.0  宁夏  射手座
4   5   男  20  183  65.0  山东   摩羯
(160, 7)
序号        int64
性别       object
```

```
年龄          int64
身高          int64
体重          float64
籍贯          object
星座          object
dtype: object
              序号          年龄          身高          体重
count    160.000000  160.000000  160.000000  160.000000
mean      80.500000   19.831250  173.962500   67.206875
std       46.332134    2.495838    7.804117   14.669873
min        1.000000   18.000000  156.000000   42.000000
25 %      40.750000   19.000000  168.750000   56.750000
50 %      80.500000   20.000000  175.000000   65.250000
75 %     120.250000   20.000000  180.000000   75.000000
max      160.000000   50.000000  188.000000  141.200000
```

由以上输出结果可以看出,一共有160条数据,每条数据7个属性,其名称和类型均给出。通过Pandas为DataFrame型数据提供的describe()函数,可以求出每一列数据的数量(count)、均值(mean)、标准差(std)、最小值(min)、下四分位数(25%)、中位数(50%)、上四分位数(75%)、最大值(max)等统计指标。

了解完数据后就可以进入绘图环节,代码如下。

```python
import matplotlib.pyplot as plt
# 设置字体,否则汉字无法显示
plt.rcParams['font.sans - serif'] = ['Microsoft YaHei']
# 选中男生的数据
male = data[data.性别 == '男']
# 检查身高是否有缺失
if any(male.身高.isnull()):
    # 存在数据缺失时,丢弃缺失数据
    male.dropna(subset = ['身高'], inplace = True)
# 绘制直方图
plt.hist(x = male.身高,              # 指定绘图数据
        bins = 7,                   # 指定直方图中条块的个数
        color = 'steelblue',        # 指定直方图的填充色
        edgecolor = 'black',        # 指定直方图的边框色
        range = (155,190),          # 指定直方图区间
        density = False             # 指定直方图纵坐标为频数
        )
# 添加x轴和y轴标签
plt.xlabel('身高(cm)')
plt.ylabel('频数')
# 添加标题
plt.title('男生身高分布')
# 显示图形
plt.show()
# 保存图片到指定目录
plt.savefig(r'D:\figure\男生身高分布.png')
```

plt.hist()函数中需要留意的参数有三个:bins、range和density。bins决定绘制的直方图有几个条块。range决定绘制直方图时的上下界,默认取给定数据(x)中的最小值和最大值。通过控制bins和range参数就可以控制直方图的区间划分。这段代码中将(155,190)划分为7个区间,每个区间长度恰好为5。density参数的默认值为布尔值

False，此时直方图的纵坐标含义为频数，如图 6-41 所示。

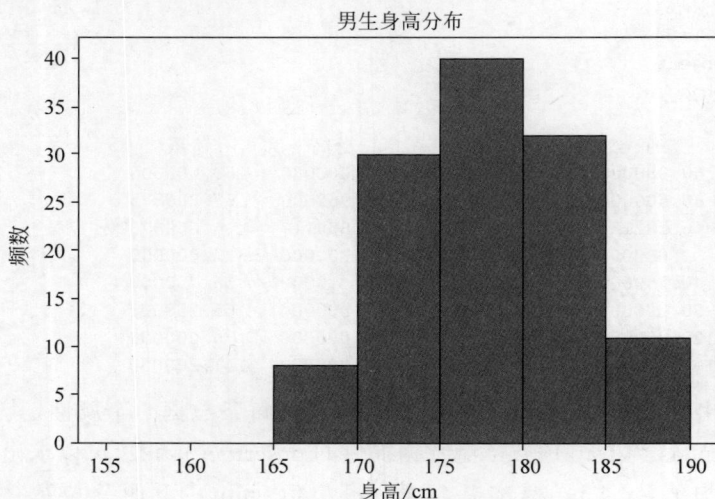

图 6-41　男生身高分布图

那么新生中男生的身高是否符合正态分布？可以在直方图上加一条拟合曲线来直观看是否符合正态分布。需要注意的是，此时直方图的纵坐标必须代表频率，density 参数需改为 True，否则拟合曲线失去意义。在上述代码 plt.show()函数中添加如下内容。

```
import numpy as np
from scipy.stats import norm
x1 = np.linspace(155, 190, 1000)
normal = norm.pdf(x1, male.身高.mean(), male.身高.std())
plt.plot(x1, normal, 'r - ', linewidth = 2)
```

男生身高分布图的拟合曲线如图 6-42 所示。可以看出，男生身高分布与正态分布比较吻合。

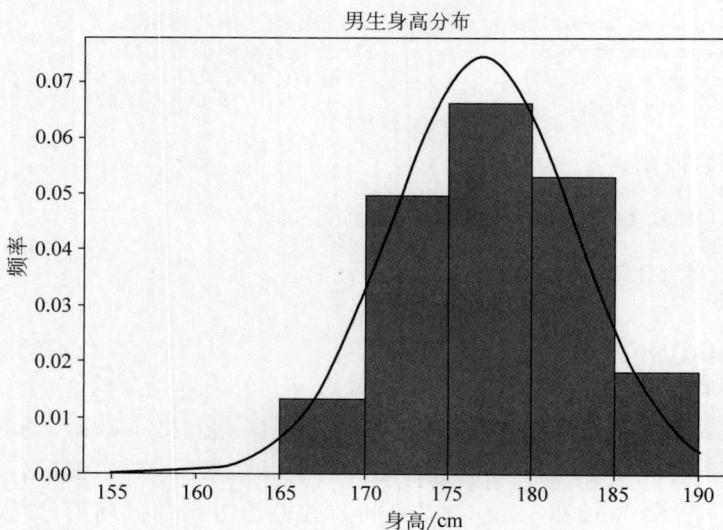

图 6-42　男生身高分布图的拟合曲线

6.5　文本数据可视化

从人文研究到政府决策,从精准医疗到量化金融,从客户管理到市场营销,这些海量的文本作为最重要的信息载体之一,处处发挥着举足轻重的作用。单凭人力难以处理积累下来的庞杂的文本,因此理解文本、提炼信息进行可视化一直是研究的热点。本节将介绍一些常用的文本可视化方法。

6.5.1　文本数据可视化的方法

文本数据可视化可分为文本内容可视化和文本关系可视化。

文本内容可视化是将文本数据通过视觉元素表现出来的过程,它能够使人们更加直观地理解文本信息。不同于传统的数值数据可视化,文本内容可视化专注于展示文本数据的特征、模式和趋势,这对于文本分析、主题识别和情感分析等任务至关重要。下面将介绍两种流行的文本内容可视化技术——词云图和主题河流。这些技术可以帮助人们从不同角度理解文本数据,无论是获取文本数据的整体概览,还是深入分析文本中的特定主题和趋势。

(1)词云图。又称标签云或者文字云,是关键词的视觉化描述,用于汇总用户生成的标签或一个网站的文字内容。一个词语若在一个文本中出现频率较高,那么这个词语可能是这个文本的关键词。在实际应用中,一般会构建一个停用词表,在分词阶段就将“的”等频繁出现但无意义的词去除。词云图通过不同大小的字体来表示单词的重要性或频率。这种类型的可视化非常适合展示文本数据的关键词,帮助人们快速把握文本的主要主题和趋势。图 6-43 是一个典型的词云图示例。

图 6-43　词云图示例

（2）主题河流。时序文本具有时间性和顺序性，例如，新闻会随着时间变化，小说的故事情节会随着时间变化，网络上对某一新闻事件的评论会随着真相的逐步揭露而变化。对具有明显时序信息的文本进行可视化时，需要在结果中体现这种变化。主题河流（Theme River）是由 Susan Havre 等学者于 2000 年提出的一种时序数据可视化方法，主要用于反映文本主题强弱变化的过程。经典的主题河流模型包括颜色和宽度两个属性。颜色用以区分主题的类型，相同主题用相同颜色的涌流表示。主题过多时颜色可能无法满足需求，因为容易区分的颜色种类并不是很多。一个解决方法是将主题也进行分类，一种颜色表示某一大类主题。宽度表示主题的数量（或强度），涌流的状态随着主题的变化，可能扩展、收缩或者保持不变。主题河流示例如图 6-44 所示，横轴表示时间，河流中的不同颜色的涌流表示不同的主题，涌流的流动表示主题的变化。在任意时间点上，涌流的垂直宽度表示主题的强弱。

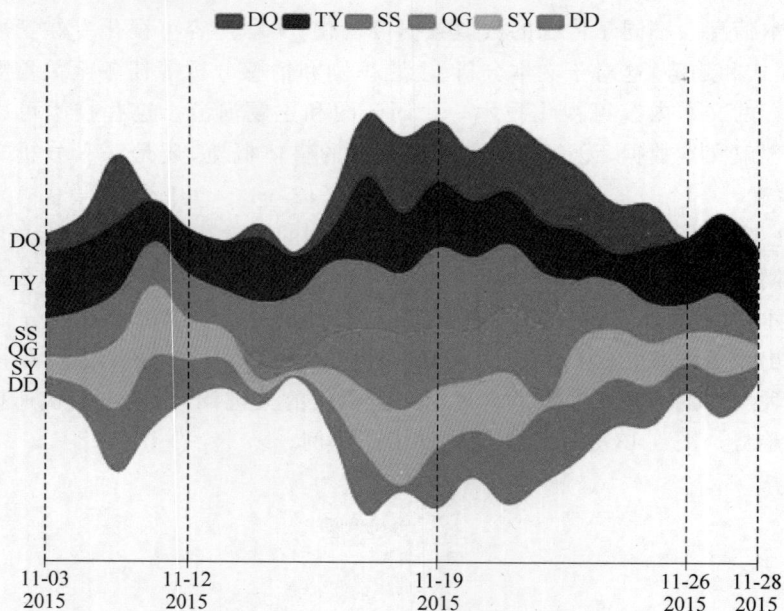

图 6-44　主题河流示例（见彩图）

文本关系包括文本内或者文本间的关系，以及文本集合之间的关系，文本关系可视化的目的是呈现这些关系。文本内的关系有词语的前后关系；文本间的关系有网页之间的超链接关系、文本之间内容的相似性、文本之间的引用等；文本集合之间的关系指文本集合内容的层次性等关系。下面介绍常用的两种文本关系可视化方法——词语树与短语网络。

（1）词语树（Word Tree）。它使用树形图展示词语在文本中的出现情况，可以直观地呈现出一个词语和其前后的词语。用户可自定义感兴趣的词语作为中心节点。中心节点向前扩展，就是文本中处于该词语前面的词语；中心节点向后扩展，就是文本中处于该词语后面的词语。字号大小代表了词语在文本中出现的频率。如图 6-45 所示，图中采用了词语树的方法来呈现一个文本中 child 这个词与其相连的前后所有的词语。

（2）短语网络（Phrase Nets）是一种网络图，它将文本中的短语作为节点，短语之间

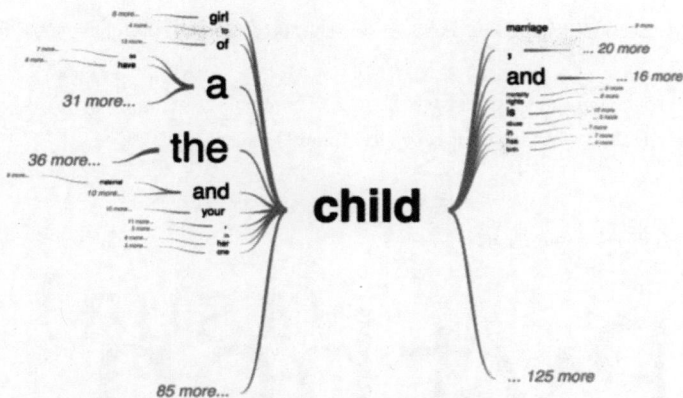

图 6-45　词语树示例

的关系作为边,可以用来分析和可视化文本数据中短语的共现关系、相互作用或者语义连接,提供对文本结构和主题的深入理解。短语网络包括节点和边两种元素。节点代表一个词语或短语。带箭头的边表示节点与节点之间的关系,这个关系需要用户定义,例如,"A is B",其中的 is 用连线表示,A 和 B 是 is 前后的两个节点词语。A 在 is 前面,B 在 is 后面,那么箭头就由 A 指向 B。连线的宽度越宽,就说明这个短语在文中出现的频率越高。图 6-46 使用短语网络对某小说中的"＊ the ＊"关系进行可视化。

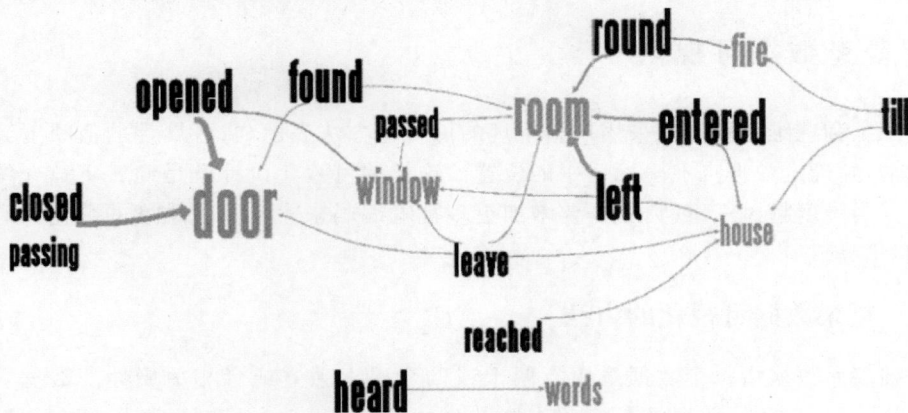

图 6-46　短语网络示例

6.5.2　文本数据可视化的应用

本节介绍最常用的词云图制作方法。在 Python 中,可以使用 wordcloud 库来生成词云图,它根据提供的文本内容自动分词,提取标签并生成词云图。相关代码如下。

```python
from wordcloud import WordCloud
import matplotlib.pyplot as plt

# 文本数据
text = "Python BigData Visual WordCloud Python BigData"

# 生成词云图
```

```
wordcloud = WordCloud(background_color = "white", width = 800, height = 400).generate(text)

# 展示词云图
plt.figure(figsize = (10, 5))
plt.imshow(wordcloud, interpolation = 'bilinear')
plt.axis("off")
plt.show()
```

生成的词云图如图 6-47 所示。

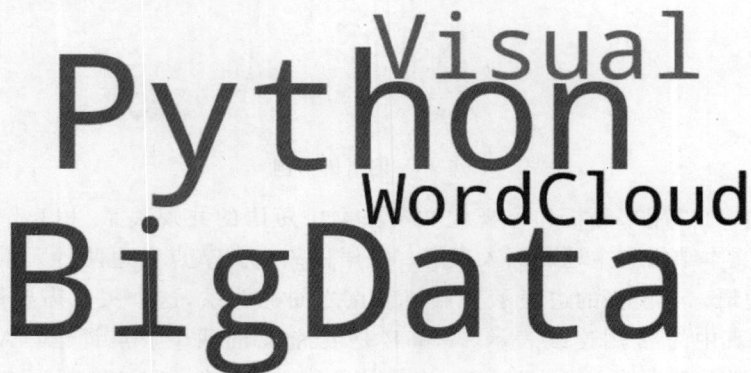

图 6-47　使用 wordcloud 库生成的词云图

6.6　复杂数据可视化

对二维和三维数据可以采用一种常规的可视化方法表示,将各属性的值映射到不同的坐标轴,并确定数据点在坐标系中的位置。这样的可视化设计就是 6.2.1 节介绍过的散点图。当维度超过三维时,就需要增加更多视觉编码来表示其他维度的数据,如颜色、大小、形状等。

6.6.1　复杂数据可视化的方法

高维多元数据指每个数据对象有两个或两个以上独立或者相关属性的数据。高维(Multidimensional)指数据具有多个独立属性,多元(Multivariate)指数据具有多个相关属性。若要科学、准确地描述高维多元数据,则需要数据同时具备独立性和相关性。在很多情况下,数据的独立性很难判断,所以一般简单地称为多元数据。例如,笔记本电脑的屏幕、CPU、内存、显卡等配置信息就是一个多元数据,每个数据都描述了笔记本电脑的一方面的属性。可视化技术常被用于多元数据的理解,进而辅助分析和决策。针对高维多元数据,本节介绍以下 3 种可视化方法。

(1) 平行坐标。平行坐标能够在二维空间中显示更高维度的数据,它以平行坐标替代垂直坐标,是一种重要的多元数据可视化分析工具。平行坐标不仅能够揭示数据在每个属性上的分布,还可描述相邻两个属性之间的关系。但是,平行坐标很难同时表现多个维度间的关系,因为其坐标轴是顺序排列的,不适合表现非相邻属性之间的关系。一般地,交互地选取部分感兴趣的数据对象并将其高亮显示,是一种常见的解决方法。另外,为了便于用户理解各数据维度间的关系,也可更改坐标轴的排列顺序。平行坐标示例如图 6-48 所示。

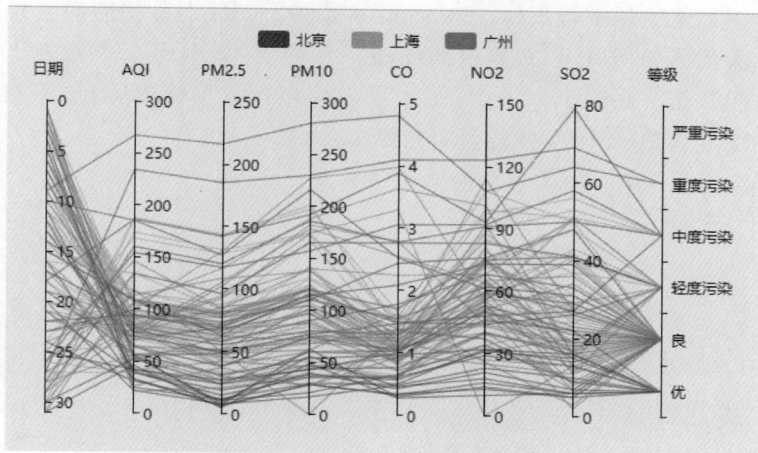

图 6-48　平行坐标示例(见彩图)

(2) 降维。当数据维度非常高时(如超过 50 维),目前的各类可视方法都无法将所有的数据细节清晰地呈现出来。在这种情况下,可通过线性/非线性变换将多元数据投影或嵌入低维空间(通常为二维或三维)中,并保持数据在多元空间中的特征,这种方法被称为降维(Dimension Reduction)。降维后得到的数据即可用常规的可视化方法进行信息呈现。常用的降维方法包括主成分分析(PCA)、t-SNE(t-distributed Stochastic Neighbor Embedding)等。

(3) 图标法。图标法的典型代表是星形图(Starplots),也称雷达图(Radar Chart)。星形图可以看成平行坐标的极坐标形式,数据对象的各属性值与各属性最大值的比例决定了每个坐标轴上点的位置,将这些坐标轴上的点折线连接围成一个星形区域,其大小形状则反映了数据对象的属性,示例如图 6-49 所示。

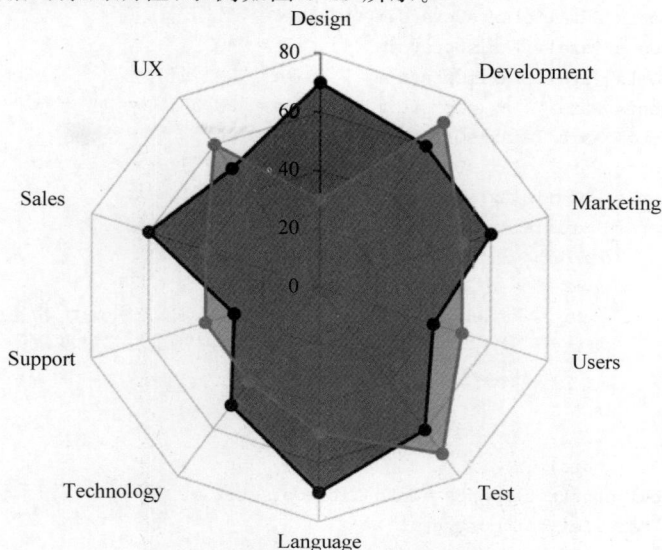

图 6-49　星形图示例(见彩图)

6.6.2　复杂数据可视化的应用

本节将介绍如何绘制平行坐标。Pyecharts 提供了一种十分便捷的直接生成平行坐标的方法。相关代码如下所示，数据被组织成一个列表，其中每个子列表代表某一天大气污染物的一组数据。在这个例子中，每个子列表包含 8 个元素，对应平行坐标中的 8 个维度，如 PM2.5 指数、空气总体质量等指标。

```python
from pyecharts import options as opts
from pyecharts.charts import Parallel

data = [
    [1, 91, 45, 125, 0.82, 34, 23, "良"],
    [2, 65, 27, 78, 0.86, 45, 29, "良"],
    [3, 83, 60, 84, 1.09, 73, 27, "良"],
    [4, 109, 81, 121, 1.28, 68, 51, "轻度污染"],
    [5, 106, 77, 114, 1.07, 55, 51, "轻度污染"],
    [6, 109, 81, 121, 1.28, 68, 51, "轻度污染"],
    [7, 106, 77, 114, 1.07, 55, 51, "轻度污染"],
    [8, 89, 65, 78, 0.86, 51, 26, "良"],
    [9, 53, 33, 47, 0.64, 50, 17, "良"],
    [10, 80, 55, 80, 1.01, 75, 24, "良"],
    [11, 117, 81, 124, 1.03, 45, 24, "轻度污染"],
    [12, 99, 71, 142, 1.1, 62, 42, "良"],
    [13, 95, 69, 130, 1.28, 74, 50, "良"],
    [14, 116, 87, 131, 1.47, 84, 40, "轻度污染"],
]
p = (
    Parallel()
    .add_schema(
        [
            # 添加坐标轴,dim 是坐标轴的索引,name 是名称
            opts.ParallelAxisOpts(dim = 0, name = "日期"),
            opts.ParallelAxisOpts(dim = 1, name = "AQI"),
            opts.ParallelAxisOpts(dim = 2, name = "PM2.5"),
            opts.ParallelAxisOpts(dim = 3, name = "PM10"),
            opts.ParallelAxisOpts(dim = 4, name = "CO"),
            opts.ParallelAxisOpts(dim = 5, name = "NO2"),
            opts.ParallelAxisOpts(dim = 6, name = "CO2"),
            opts.ParallelAxisOpts(
                dim = 7,
                name = "等级",
                type_ = "category", # 指定为一个类别轴,并用 data 指定类别数据
                data = ["优", "良", "轻度污染", "中度污染", "重度污染", "严重污染"],
            ),
        ]
    )
    .add("介质", data)
    .set_global_opts(title_opts = opts.TitleOpts(title = "平行坐标图示例"))
    .render("parallel_category.html")
)
```

生成的平行坐标如图 6-50 所示。

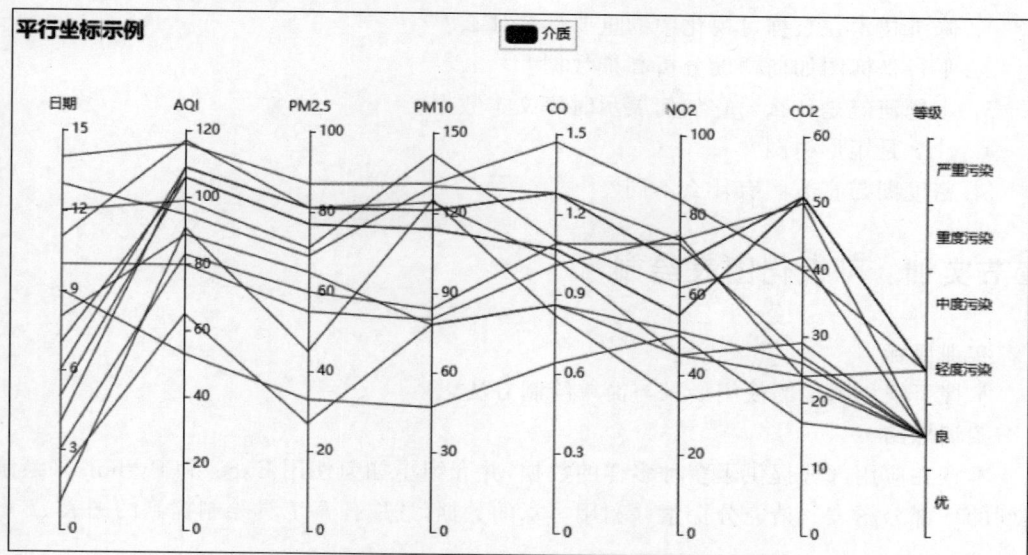

图 6-50 天气数据的平行坐标

思考与练习

选择题

1. 连续型时间数据指的是(   )。

    A. 特定时间点的事件记录   B. 连续记录的数据

    C. 只在工作日记录的数据   D. 随机时间点的数据记录

2. 大数据分析中,探索变量的(   )关系是挖掘背后可能隐藏因果关系的重要一步。

    A. 时间序列   B. 关联性   C. 分布性   D. 维度

3. 饼图主要用于展示(   )数据。

    A. 时间序列   B. 比例   C. 连续   D. 分类

4. 矩形树图主要用来表示(   )数据。

    A. 时间序列   B. 分类   C. 连续   D. 层次

5. 主题河流主要用于展示(   )数据。

    A. 时序文本   B. 层次   C. 分类   D. 连续

判断题

1. 星形图(雷达图)无法表示多维数据对象的属性。   (   )

2. 茎叶图在显示数据分布时,会丢失原始数据信息。   (   )

3. 词云图适用于展示文本数据中的关键信息。   (   )

4. 气泡图是在散点图基础上增加了一个维度的数据表示。   (   )

5. 折线图不能有效表示时间数据的变化趋势。   (   )

简答题

1. 降维技术在数据可视化中的重要性是什么？
2. 平行坐标图如何帮助分析高维数据？
3. 主题河流是什么？它如何展示时序文本数据？
4. 什么是矩形树图？
5. 密度图与直方图有什么不同？

章节实训：可视化图表绘制

实训目标

掌握可视化图表的使用场景与简单绘制方法。

实训思路

本章在应用部分提供了多种多样的数据，并介绍了如何使用 Excel 和 Python 来绘制提到的一部分图表。请充分探索并利用本章的数据，选取任意工具绘制提到的图表。

第 **7** 章

Python数据可视化

Python 作为当前最受欢迎的数据科学语言之一,提供了强大的数据可视化库,支持从基础到高级的可视化需求。本章将深入介绍 Python 中几种主要的可视化库:Matplotlib、Seaborn、pyecharts、NetworkX 和 wordcloud。

学习目标

本章学习目标如下。

(1)掌握 Python 可视化的发展历程。

(2)掌握 Matplotlib 库的安装和基础图表的绘制方法,掌握如何调整图表的元素格式。

(3)掌握 Seaborn 库的安装和基础图表的绘制方法,掌握如何调整图表的风格和模板。

(4)掌握 pyecharts 库的安装和基础图表的绘制方法,掌握如何调整图表的元素格式及风格。

(5)掌握 NetworkX 库的安装和基础图表的绘制方法,掌握网络图格式的设置方法。

(6)掌握 wordcloud 库的安装和基础图表的绘制方法,掌握词云图格式的设置方法。

7.1 Python 数据可视化库概述

Python 以其简洁、易学的语法和高度的可读性吸引了广泛的用户群体。这使得非程序员,如科学家、工程师和数据分析师,也能轻松上手,用 Python 处理日常的数据任务。作为一种开源语言,Python 允许用户免费使用和修改代码,这对于学术界和商业界来说非常有吸引力。广泛的用户群体和开源的特点带来了 Python 社区的高度活跃,这个社区不断开发和维护大量的库和工具,使 Python 能够适应各种应用需求,Python 逐渐从一个相对边缘的编程语言变成了科学计算、数据分析、机器学习及多种类型数据的可视化首选工具。

Python 在可视化领域的发展与 Python 的兴起之间存在着密切的关联。Python 可视化工具的发展不仅推动了 Python 本身的普及,同时也得益于 Python 在其他科学和工程领域中的广泛应用。Python 的通用性和易于集成的特性使其成为连接数据处理、机器学习和可视化的理想选择。这种互惠互利的关系使 Python 及其可视化生态系统成为数据驱动研究和商业决策不可或缺的工具。Python 数据可视化发展主要可以分为以下 4 个阶段。

(1) Matplotlib 的引领。Matplotlib 是 Python 的早期可视化工具之一,提供了一个强大的、类似于 MATLAB 的图形绘制界面。它的出现是 Python 在科学可视化领域的一个重要里程碑。

(2) 多样化的可视化库。随着时间的推移,更多专门的可视化库被开发出来,以满足不同的需求。例如,Seaborn 库基于 Matplotlib 库,提供了更多的高级接口和美观的图表选项;wordcloud 库支持绘制词云图;NetworkX 库支持绘制网络结构。

(3) 数据科学与机器学习的推动。随着数据科学和机器学习的流行,Python 的可视化工具也开始专注于这些领域的需求。例如,TensorBoard 为 TensorFlow 提供可视化,帮助分析神经网络模型的性能;Plotly 和 Dash 可以用于创建复杂的交互式仪表板,支持商业智能分析。

(4) 性能与可扩展性的提升。随着大数据的兴起,可视化工具也需要处理越来越大的数据集。例如,Datashader 允许用户可视化极大规模的数据集,而不会丧失性能。

总之,Python 中有多种数据可视化库来将复杂的数据转换成容易理解的图表,这些库各具特色。本节将介绍一些广泛使用的 Python 数据可视化工具及它们各自的设计哲学、使用场景和优势。

7.1.1 Matplotlib

Matplotlib 的出现主要是为了满足 Python 社区对一个强大且易于使用的绘图库的需求。Python 在早期有如 NumPy 这样的数值计算库,但缺乏一个强大的通用绘图库,因此并不是一个完整的科学计算平台。在 Matplotlib 出现之前,MATLAB 因其强大的绘图功能而广受欢迎,特别是在工程和科学研究领域。然而,MATLAB 是一款昂贵的商业软件,高额的使用成本对于学生、科研机构、初创公司来说是巨大的负担。John D. Hunter 为了给科学社区提供一个开源且功能丰富的替代工具,特别是能够提供与 MATLAB 相似的绘图接口,而开始了对 Matplotlib 的开发。

作为一个开源项目,Matplotlib 得到了广泛的社区支持和贡献。这种社区驱动的发展模式加速了其功能的扩展和优化,使其能够快速适应不断变化的用户需求和技术进步。Matplotlib 社区还拥有大量的教程和资源。无论是绘制简单的条形图、折线图,还是绘制复杂的三维图表和动画,Matplotlib 都能够胜任。但这也意味着,初学者可能会感到使用门槛较高,特别是在面对复杂的图表配置时。叠加上 Matplotlib 的默认格式美观程度有所不足的因素,用好 Matplotlib 的门槛进一步提升。

Matplotlib 能够运行在多个操作系统上,并支持多种输出格式,包括 PNG、PDF、SVG、EPS 等,这使得它在科学出版物中非常有用。用户可以轻松地将图形集成到论文和报告中,无须担心兼容性问题。

　　Matplotlib 现在已经成为了众多数据科学项目和其他科学计算工具包的底层绘图 API。例如,Pandas 和 Seaborn 的绘图功能就是建立在 Matplotlib 的基础之上的。Matplotlib 提供了一套面向对象绘图的 API,它可以轻松地配合 Python GUI 工具包(如 PyQt、WxPython、Tkinter 等)在应用程序中嵌入图形。与此同时,它也支持以脚本的形式在 Python、IPython Shell、Jupyter Notebook 及 Web 应用的服务器中使用。

7.1.2　Seaborn

　　Seaborn,作为一个建立在 Matplotlib 基础之上的 Python 第三方数据可视化库,其核心价值在于为数据分析师和科学家等提供了一个更为高级且用户友好的接口,极大地优化了统计图表的创作过程。它不仅继承了 Matplotlib 的灵活性和强大功能,还通过封装和简化复杂的绘图细节,让用户能够更专注于数据的探索与展示,而非绘图命令的烦琐编写。Seaborn 通常被认为是 Matplotlib 的补充,而不是替代品。

　　Seaborn 特别适合用于探索性数据分析(EDA),因为它预设了一系列针对常见统计问题的绘图函数,如箱线图(boxplot),用于直观展示数据的分布情况和异常值;小提琴图(violinplot),结合了箱线图和密度图的特点,能更全面地揭示数据的分布情况;以及多变量散点图(pairplot 或 jointplot),便于观察多个变量之间的相关性。这些工具极大地简化了复杂统计图表的绘制过程。

　　Seaborn 的另一个优点是其美观的默认风格和颜色方案。其内置的默认样式和颜色方案不仅和谐统一,还极具视觉吸引力,无须用户额外调整即可生成高质量的图表。这种设计不仅提升了图表的专业度,还增强了数据呈现的效果,使用户能够更容易地理解和接受数据背后的信息。

　　与 Pandas 的紧密集成也是 Seaborn 的一个亮点。它允许用户直接将 Pandas 的DataFrame 作为数据源进行绘图,自动解析列名并映射到图表中,极大地简化了数据处理和可视化的流程。这种无缝的衔接不仅提高了工作效率,也使得 Seaborn 成为了数据分析流程中不可或缺的一部分。

　　Seaborn 强调统计数据的可视化,例如可以自动添加线性回归拟合线到散点图中,帮助用户快速识别数据间的趋势和关系。这种自动化的处理能力,使得 Seaborn 成为了进行复杂数据分析和决策支持时的得力助手。

7.1.3　pyecharts

　　pyecharts 是一个用于生成 ECharts(一种流行的开源前端可视化库)图表的 Python库。pyecharts 的设计理念是提供一种简洁的方法来生成交互式图表,这些图表在 Web环境中表现良好,并可以通过简单的配置来实现丰富的交互功能,如提示框、工具栏和图表联动等。

　　使用 pyecharts,开发者可以在 Python 环境中准备数据和配置图表,然后生成 HTML文件,这些文件可直接用于 Web 页面或者嵌入 Web 应用。pyecharts 支持的图表种类非常丰富,包括柱状图、折线图、饼图、散点图、星状图和地图等,这使得它在制作动态报告和呈现数据仪表板时尤为有用。

　　pyecharts 的另一个优势在于它的可扩展性,用户可以轻松地自定义图表的每个方面,或者利用丰富的主题和插件系统来增强图表的功能。因此 pyecharts 不仅适合数据分析师,还适合前端开发者和数据产品经理等对图表功能需求多的人。

7.1.4　NetworkX

　　NetworkX 是一个用 Python 语言开发的图论与复杂网络建模工具,内置了常用的图与复杂网络分析算法,可以方便地进行复杂网络数据分析、仿真建模等工作。NetworkX 提供了创建、操作和研究复杂网络的强大工具。无论是简单的无向图还是复杂的有向图,都能够用 NetworkX 来分析和可视化。它特别适用于需要研究网络结构、动态网络分析、建立和剖析网络模型的领域。

　　NetworkX 的核心是可以灵活地处理节点和边的关系。用户可以添加节点的属性(如权重、时间戳等),并且可以根据需要灵活地修改图的结构。这种灵活性使得 NetworkX 成为研究复杂网络互动的理想工具。

　　尽管 NetworkX 具有强大的网络分析功能,但其绘图功能是基于 Matplotlib 的,这意味着在可视化大型网络或寻求高度交互式图形时,可能需要与其他工具(如 Gephi 或者与 D3.js)结合的解决方案。

7.1.5　wordcloud

　　wordcloud 是一种非常流行的文本可视化方法,它通过将文本中的单词按频率或重要性显示为不同大小,形成一个独特的云状分布,帮助观察者快速捕捉文本数据中最突出的元素。wordcloud 在文本分析、市场研究、社交媒体分析等领域有广泛应用。

　　使用 Python 中的 wordcloud 库,开发者可以轻松创建定制的词云图,控制颜色、字体、布局和形状等多个方面。这种视觉表现形式不仅有助于数据的快速传达,也增添了视觉上的吸引力,使分析结果既直观又具有吸引力。同时 Python 拥有众多的自然语言处理库,使得词云图的创建者能够灵活地选择适合的分词工具。

　　尽管词云图在某些情况下可能会被批评为过于简化或在视觉上具有误导性,但它们在展示文本数据的主要主题和趋势方面无疑提供了一种快速且直观的方法。

7.2　Matplotlib 图表绘制

7.2.1　Matplotlib 安装

　　打开系统的命令行界面,其在 Windows 系统中被称为 PowerShell,在 macOS 和 Linux 系统中被称为终端。使用以下命令来确认 Python 和 pip 已经正确安装。

```
python -- version
pip -- version
```

如果出现包含 Command Not Found 的报错信息,则需要确认 Python 是否已安装在系统上,并确保其安装路径被添加到了环境变量中。如果 Python 未安装,可以访问 https://www.python.org 下载并查看安装指南。如果已安装但仍然收到错误消息,可能需要调整环境变量以包含 Python 的路径。

如果出现以下输入,表明 Python 和 pip 已经被正确安装。可以看到,本节使用的 Python 版本为 3.10.0,pip 版本为 24.0。

```
(myenv) PS C:\Users\51436 > python -- version
Python 3.10.0
(myenv) PS C:\Users\51436 > pip -- version
pip 24.0 from D:\Program\anaconda\envs\myenv\lib\site-packages\pip (python 3.10)
```

输入以下命令来安装 Matplotlib:

```
pip install matplotlib
```

如果出现以下报错,则说明当前网络连接出现问题。请确保设备连接到了互联网,且网络稳定。

```
WARNING: Retrying (Retry(total = 4, connect = None, read = None, redirect = None, status = None))
```

如果设备网络连接没有问题,仍然出现以上报错,一般是因为当前网络无法连接 Python 包索引(PyPI)网站。此时可以尝试使用一个更接近设备地理位置的镜像站点,例如,可以使用以下命令访问阿里云镜像站点。其中,-i 参数后跟随指定镜像站点地址。

```
pip install matplotlib - i https://mirrors.aliyun.com/pypi/simple
```

成功安装后,命令行界面返回信息如图 7-1 所示。可以看到,Matplotlib 依赖 numpy、pillow 等包,pip 会在安装过程中将这些依赖包自动安装到当前环境中。

图 7-1　命令行界面返回信息

在命令行界面输入以下代码来查看 Matplotlib 是否安装成功：

```
pip show matplotlib
```

如果出现以下输出，则证明 Matplotlib 已经成功安装到当前环境。

```
Name: matplotlib
Version: 3.9.0
Summary: Python plotting package
Home－page:
Author: John D. Hunter, Michael Droettboom
Author－email: Unknown < matplotlib－users@python.org >
License: License agreement for matplotlib versions 1.3.0 and later
        ...
        ...
```

或者在 Python 解释器或其他 Python 开发环境中，尝试导入 Matplotlib 来查看是否会出现错误。可以运行如下代码：

```
import matplotlib
print(matplotlib.__version__)
```

如果出现以下报错，说明 Matplotlib 未安装成功，请检查并重复安装步骤。

```
ModuleNotFoundError: No module named 'matplotlib'
```

如果输出如下 Matplotlib 版本信息，则说明安装成功。版本信息根据安装版本的不同而异，本节安装的是默认版本 3.9.0。

```
3.9.0
```

如果想安装指定版本，则需要使用"＝＝"符号来指定版本号，示例命令如下。

```
pip install matplotlib＝＝3.9.0 － i https://mirrors.aliyun.com/pypi/simple
```

不同版本的 Matplotlib 对不同版本 Python 的支持不同。Matplotlib 1.2 是第一个支持 Python 3.x 的版本。Matplotlib 1.4 是最后一个支持 Python 2.6 的版本。Matplotlib 2.0.x 支持 Python 2.7～3.10。Matplotlib 已签署 Python 3 声明，承诺在 2020 年后不再支持 Python 2。因此建议安装支持 Python 3 的 Matplotlib 版本。

7.2.2 Matplotlib 绘图

Matplotlib 的核心是 figure、axes、axis 和 artist 4 种对象。

figure 对象可以被看作是一个可以容纳各种图表的画布，axes 对象是具体的图表，一个 figure 对象中可以包含多个 axes 对象。axis 对象指坐标系中的垂直轴与水平轴，包含轴的长度、标签和刻度标签等。figure 对象、axes 对象和 axis 对象之间的关系如图 7-2 所示。

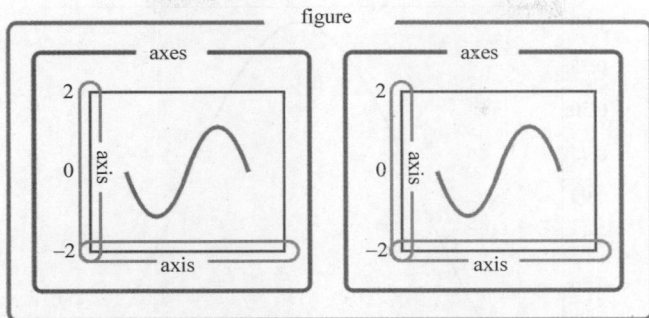

图 7-2　figure 对象、axes 对象、axis 对象之间的关系(见彩图)

图表中的所有元素都是 artist 对象,如各种文本(图题、表题、坐标轴的标签、图例)、图中的线、坐标轴的刻度等。figure 对象、axes 对象、axis 对象也是特殊的 artist 对象,它们由很多基本的 artist 对象组成,这些基本的对象被称作"图元",而 figure 对象、axes 对象、axis 对象被称作容纳图元的"容器"。figure 对象、axes 对象、axis 对象和图元构成了 Matplotlib 的层级结构。高级的容器可以容纳复数个更低一级的容器和图元。这种层级结构使得 Matplotlib 能以不同的粒度灵活地设置图表中的元素,如线的样式、字体的属性、布局等,这是 Matplotlib 强大的个性化配置能力的体现。

matplotlib.pyplot 是 Matplotlib 中最常用的模块,一般简写为 plt。plt 是一种 MATLAB 风格的 Python 工具包,其中所有操作都是 plt.xxx 的形式。plt 中每个绘图函数对应某种绘制功能,如创建图形、创建绘图区域、设置绘图标签等。

下面是一段最基本的绘图代码,使用 plt.plot()函数进行绘图工作,plt.show()函数将图表显示出来。最终的绘制结果如图 7-3 所示。plt.plot()是 Matplotlib 库中用于绘制线图(折线图)的主要函数之一。它的作用是将一组数据点连接起来,以可视化数据的趋势、关系或模式。示例代码中,plt.plot()函数接受了两个参数,第 1 个参数用于指定数据点的水平位置,第 2 个参数用于指定数据点的垂直位置。这两个参数通常是一个列表、数组或一维序列。

```python
from matplotlib import pyplot as plt
import numpy as np
# 如果使用 PyCharm 运行,请加上以下两行代码
import matplotlib
matplotlib.use("TkAgg")

# 创建一个 -π～π 均匀分布的长度为 50 的数组作为横坐标数据
x = np.linspace( - np.pi, np.pi)
# 绘制图表,x 为横坐标,np.cos(x)为纵坐标
plt.plot(x, np.cos(x))
# 显示图表
plt.show()
```

使用 plt.scatter()函数绘制散点图的代码如下所示。

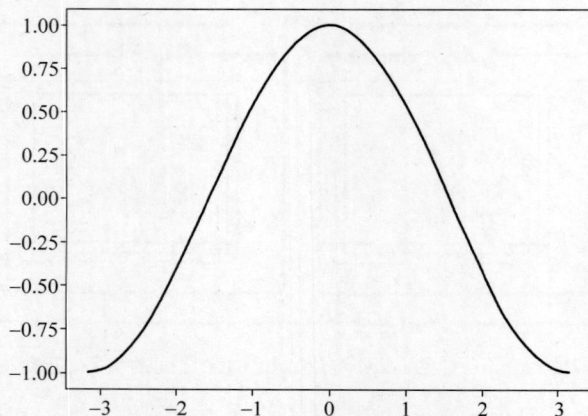

图 7-3　plt.plot()函数绘图结果

```
from matplotlib import pyplot as plt
import numpy as np

# 如果使用 PyCharm 运行,请加上以下两行代码
import matplotlib
matplotlib.use("TkAgg")

# 生成 20 个服从标准正态分布(均值为 0,标准差为 1)的随机数,作为 x 坐标数据
x = np.random.randn(20)
# 生成 20 个服从标准正态分布(均值为 0,标准差为 1)的随机数,作为 y 坐标数据
y = np.random.randn(20)
# 绘制散点图
plt.scatter(x, y)
plt.show()
```

绘制的散点图如图 7-4 所示。

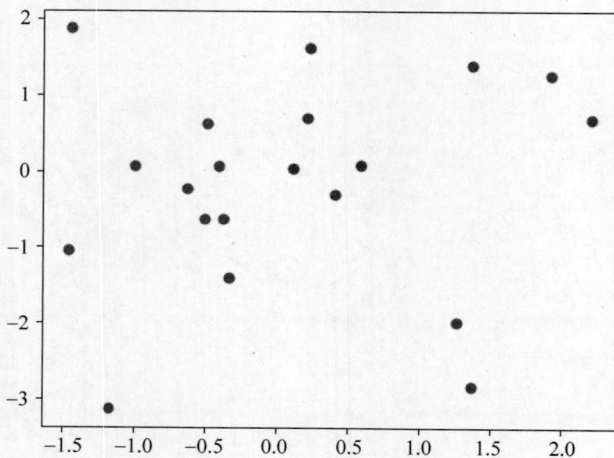

图 7-4　plt.scatter()函数绘制的散点图

plt 有很多绘图函数,如表 7-1 所示。

表 7-1 plt 的绘图函数

函 数 名 称	描 述
Bar	绘制条形图
Barh	绘制水平条形图
Boxplot	绘制箱型图
Hist	绘制直方图
his2d	绘制二维直方图
Pie	绘制饼图
Plot	在坐标轴上画线或者标记
Polar	绘制极坐标图
Scatter	绘制散点图
Stackplot	绘制堆叠图
Stem	用来绘制二维离散数据绘制(又称为"火柴图")
Step	绘制阶梯图
Quiver	绘制一个二维箭头

为了在一张图中使用子图(即在一个 figure 对象中添加多个 axes 对象),需要在调用
plt.plot()函数前先调用 plt.subplot()函数,来激活 figure 对象中对应的 axes 区域。
plt.subplot()函数的第 1 个参数代表子图的总行数,第 2 个参数代表子图的总列数,第 3
个参数代表 axes 活跃区域的编号(编号方式为从左往右,从上往下,起始编号为 1)。绘
制子图的示例代码如下,效果如图 7-5 所示。

```python
x = np.linspace(0, 2 * np.pi, 50)

# 激活第一块区域
plt.subplot(2, 2, 1)
# label 为图例中曲线名称
plt.plot(x, np.sin(x), 'b', label = 'sin(x)')
# 添加图例
plt.legend()

plt.subplot(2, 2, 2)
plt.plot(x, np.cos(x), 'r', label = 'cos(x)')
plt.legend()

plt.subplot(2, 2, 3)
plt.plot(x, np.exp(x), 'k', label = 'exp(x)')
plt.legend()

plt.subplot(2, 2, 4)
plt.plot(x, np.arctan(x), 'y', label = 'arctan(x)')
plt.legend()
plt.show()
```

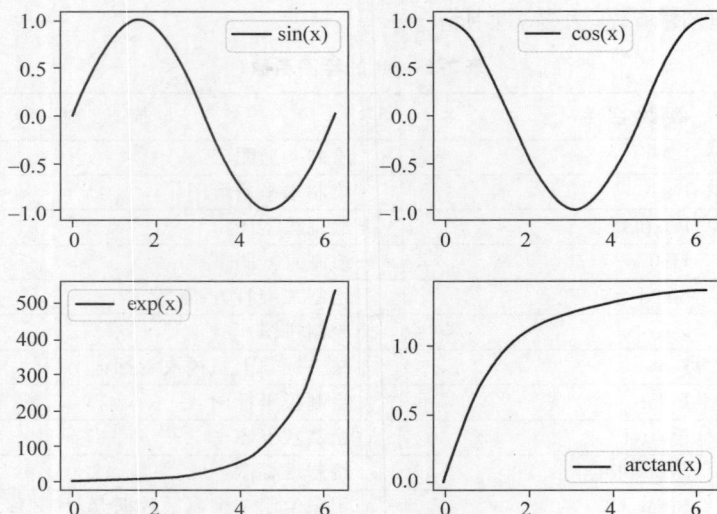

图 7-5　在画布中绘制多个子图（见彩图）

Matplotlib 的三维绘图功能需要从 mpl_toolkits 库导入 mplot3d. axes3d（）来实现。mpl_toolkits 库在安装 Matplotlib 时会自动安装。相关绘图代码如下。需要注意的是，该段代码使用了 Matplotlib 面向对象的绘图接口，而前两段代码则是使用了 Matplotlib 贴近 MATLAB 风格的绘图接口。当一次只绘制一个图表时，这两种代码风格并无太大差别。当绘制多张图、多条曲线时，使用面向对象的绘图接口能够实现对元素的更精准的控制。

```python
from mpl_toolkits.mplot3d import Axes3D
import matplotlib.pyplot as plt
import numpy as np

# 如果使用 PyCharm 运行,请加上以下两行代码
import matplotlib
matplotlib.use("TkAgg")

# 生成 x、y 数组,作为 x 轴坐标和 y 轴坐标
x = np.arange(-2, 2, 0.1)
y = np.arange(-2, 2, 0.1)
# 使用 x 和 y 生成网格数据 X、Y
X, Y = np.meshgrid(x, y)
# 生成纵坐标 Z
Z = X ** 2 + Y ** 2

# 生成名为 fig 的 figure 对象
fig = plt.figure()
# 使用 Axes3D(fig)生成可以绘制三维图像的 axes 对象,并向 fig 中添加 axes 对象
ax = fig.add_axes(Axes3D(fig))
# 将数据传入 axes 对象的 plot_surface()函数,该函数在 axes 对象中添加三维曲面对象
ax.plot_surface(X, Y, Z)
plt.show()
```

运行代码,绘制出的图表如图 7-6 所示。

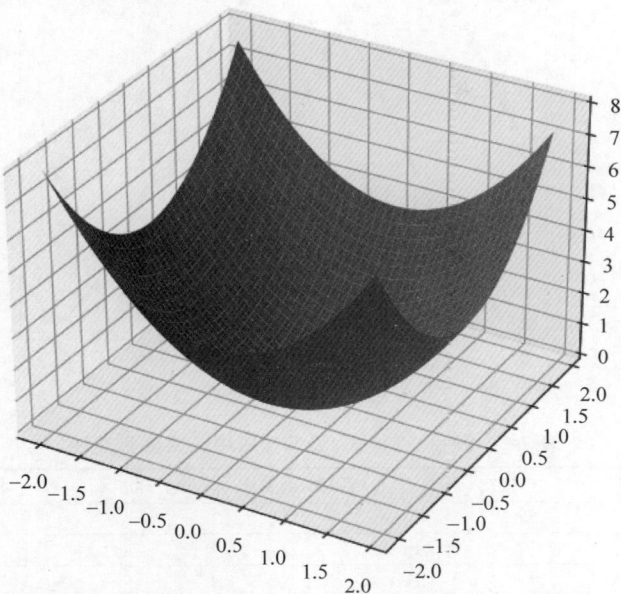

图 7-6 $Z=X^2+Y^2$ 函数曲线的三维绘图(见彩图)

7.2.3 Matplotlib 绘图参数设置

7.2.2 节介绍了如何使用 Matplotlib 进行简单绘图,但是生成的图并不完整,缺少标题等元素,同时线条颜色、坐标轴等都使用了默认样式。本节将介绍如何通过参数设置来定制样式,添加图表元素。

在 Matplotlib 中,常见颜色可以使用对应英文字母表示(如 r 表示红色),也可以使用 RGB 数值、十六进制颜色值等来设置。点样式可设置为“.”(表示圆点)、“s”(表示方形)、“o”(表示圆形)等。线条样式可设置为“:”(表示点状线)、“-”(表示实线)等。Matplotlib 可以通过这 3 种默认提供的样式,直接进行组合设置。使用一个参数字符串表示这 3 种样式,第 1 个字母表示颜色,第 2 个字母表示点样式,第 3 个字母表示线条样式。示例代码如下。

```
x = np.linspace(0, 2 * np.pi, 50)
plt.plot(x, np.sin(x), 'ko:',
         x, np.sin(x - np.pi / 2), 'b. -')
plt.show()
```

代码输出如图 7-7 所示。
颜色、点样式、线条样式中英文名称对照如表 7-2 所示。

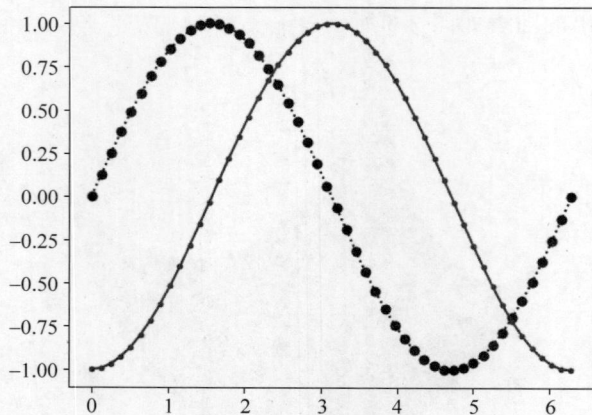

图 7-7　使用参数定制样式（见彩图）

表 7-2　颜色、点样式、线条样式中英文名称对照

字　　符	名称（英文）	名称（中文）
'b'	blue	蓝
'g'	green	绿
'r'	red	红
'c'	cyan	青色
'm'	magenta	品红
'y'	yellow	黄色
'k'	black	黑
'w'	white	白
'.'	point marker	点
','	pixel marker	像素点
'o'	circle marker	圆
'v'	triangle_down marker	下三角
'^'	triangle_up marker	上三角
'<'	triangle_left marker	左三角
'>'	triangle_right marker	右三角
'8'	octagon marker	八边形
's'	square marker	正方形
'p'	pentagon marker	五边形
'*'	star marker	星号
'h'	hexagon marker	六边形
'-'	solid line style	实线
'--'	dashed line style	破折线
'-.'	dash-dot line style	点划线
':'	dotted line style	虚线

还可以添加 x 轴和 y 轴标签、图例、图表名称等。为散点图添加标签与名称的示例代码如下，效果如图 7-8 所示。

```
x = np.random.randn(20)
y = np.random.randn(20)
x1 = np.random.randn(40)
y1 = np.random.randn(40)
```

```
# s 表示散点尺寸, label 为该组点的名称
# color 和 marker 为颜色和点类型(不同于上一段代码,此处为显示指定)
plt.scatter(x, y, s = 50, color = 'b', marker = '<', label = 'S1')
# alpha 表示透明度
plt.scatter(x1, y1, s = 50, color = 'y', marker = 'o', alpha = 0.5, label = 'S2')
# 为散点图打开网格效果
plt.grid(True)
# 添加 x 轴名称
plt.xlabel('x axis')
# 添加 y 轴名称
plt.ylabel('y axis')
# 显示图例
plt.legend()
# 设置标题
plt.title('My Scatter')
plt.show()
```

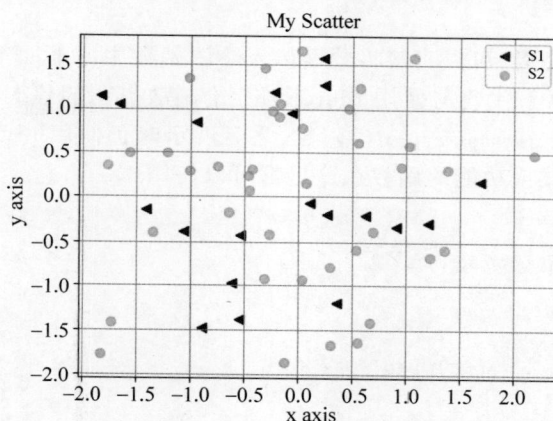

图 7-8 为散点图添加标签与名称的效果(见彩图)

7.3 Seaborn 图表绘制

7.3.1 Seaborn 安装

若要安装 Seaborn,只需要在终端中执行以下命令:

```
pip install seaborn
```

安装过程如图 7-9 所示。可以看到出现了很多包含"Requirement already satisfied:"信息,这是因为 Seaborn 依赖的很多库在安装 Matplotlib 时已经安装完成,只需要安装未安装的依赖库(如 Pandas)即可,这个过程要比安装 Matplotlib 快得多。

测试安装是否成功的方式与 Matplotlib 相似。要想在自己的代码中使用 seaborn,可以在开头加入以下代码来引入该库。一般将 Seaborn 以 sns 的简写名称引入。

```
import seaborn as sns
```

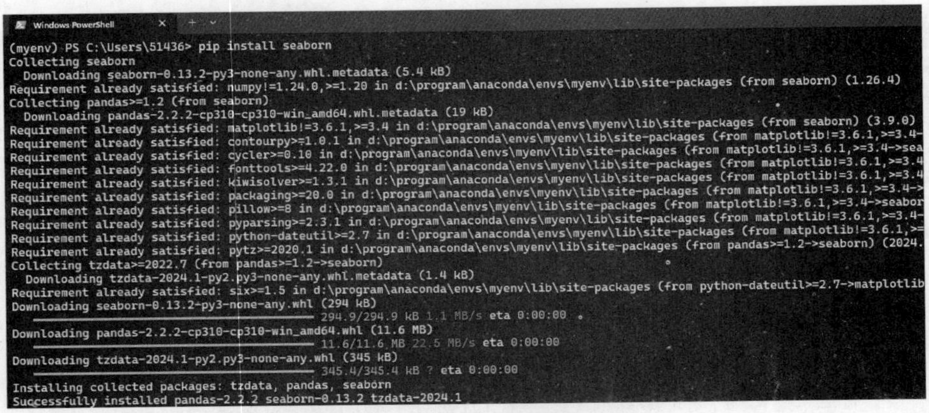

图 7-9   Seaborn 的安装过程

7.3.2   Seaborn 绘图

使用 Seaborn 绘图时,可以直接将数据传入绘图函数中。下面给出一个绘制散点图的示例。可以看到,以下代码与使用 Matplotlib 绘制散点图的代码几乎一模一样,只是在创建图形时使用了 sns.scatterplot()函数,之后展示时仍使用 plt.show()函数。实际上,plt 中设置图表样式或功能的函数在这里都可以使用。

```python
import seaborn as sns
import matplotlib.pyplot as plt
import numpy as np
import pandas as pd

# 如果使用 PyCharm 运行,请加上以下两行代码
import matplotlib
matplotlib.use("TkAgg")

# 生成数据
np.random.seed(0)
x = np.random.rand(100)
y = np.random.rand(100)
plt.title('darkgrid')
# 创建图形
sns.scatterplot(x = x, y = y)
plt.show()
```

绘制的散点图如图 7-10 所示。

以上代码并未体现 Seaborn 相比 Matplotlib 的优势,因为绘图数据的传入方式及绘图风格与 Matplotlib 完全一致。以下代码体现了 Seaborn 与 Pandas 的高度集成(可以使用 data 参数传入 DataFrame 数据,并使用列名指定数据进行绘图),以及 Seaborn 风格的设置。在统计分析中,很多数据是表格或者 JSON 格式的,用 Pandas 和 Seaborn 的组合可以极大地方便数据的描述性统计工作。

```python
import seaborn as sns
import matplotlib.pyplot as plt
```

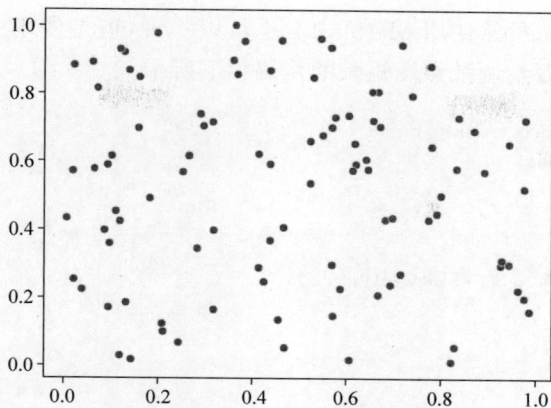

图 7-10　使用 Seaborn 绘制散点图

```
import numpy as np
import pandas as pd

# 如果使用 PyCharm 运行,请加上以下两行代码
import matplotlib
matplotlib.use("TkAgg")

# 生成数据
np.random.seed(0)
x = np.random.rand(100)
y = np.random.rand(100)
# 创建 DataFrame 以便使用 Seaborn
data = pd.DataFrame({'X': x, 'Y': y})
# 创建图形
# 设置 Seaborn 风格,默认为 darkgrid
sns.set_style()
# 使用 data 传入 DataFrame 格式数据
# 使用列名指定 x 坐标和 y 坐标
sns.scatterplot(data = data, x = 'X', y = 'Y')
plt.title('darkgrid')
plt.show()
```

生成的 darkgrid 风格散点图如图 7-11 所示。

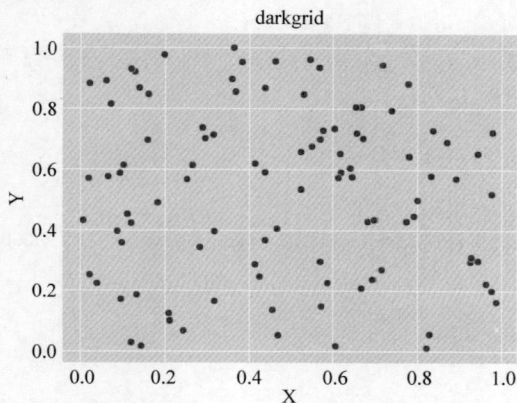

图 7-11　生成的 darkgrid 风格散点图

此外，对于很多图，虽然使用 Matplotlib 也可以实现，但是使用 Seaborn 的语法更加简洁。使用 Matplotlib 绘制散点图矩阵的代码如下所示。

```python
import matplotlib.pyplot as plt
import seaborn as sns
import pandas as pd
import numpy as np

# 如果使用 PyCharm 运行，请加上以下两行代码
import matplotlib
matplotlib.use("TkAgg")

# 生成数据
np.random.seed(0)
data = pd.DataFrame(np.random.randn(100, 4), columns = list('ABCD'))

# 创建图形
plt.figure(figsize = (12, 12))
for i, col1 in enumerate(data.columns):
    for j, col2 in enumerate(data.columns):
        plt.subplot(4, 4, i * 4 + j + 1)
        if i == j:
            plt.hist(data[col1], bins = 20)
        else:
            plt.scatter(data[col1], data[col2], alpha = 0.5)
plt.show()
```

绘制结果如图 7-12 所示。

使用 Seaborn 绘制散点图矩阵的代码如下。可以看到，除了可以直接使用 DataFrame 外，其代码比使用 Matplotlib 时更简洁。绘图结果如图 7-13 所示。

```python
import seaborn as sns
import pandas as pd
import numpy as np
import matplotlib.pyplot as plt

# 如果使用 PyCharm 运行，请加上以下两行代码
import matplotlib
matplotlib.use("TkAgg")


# 生成数据
np.random.seed(0)
data = pd.DataFrame(np.random.randn(100, 4), columns = list('ABCD'))

# 创建关系图
sns.set_style("whitegrid")
sns.pairplot(data)
plt.show()
```

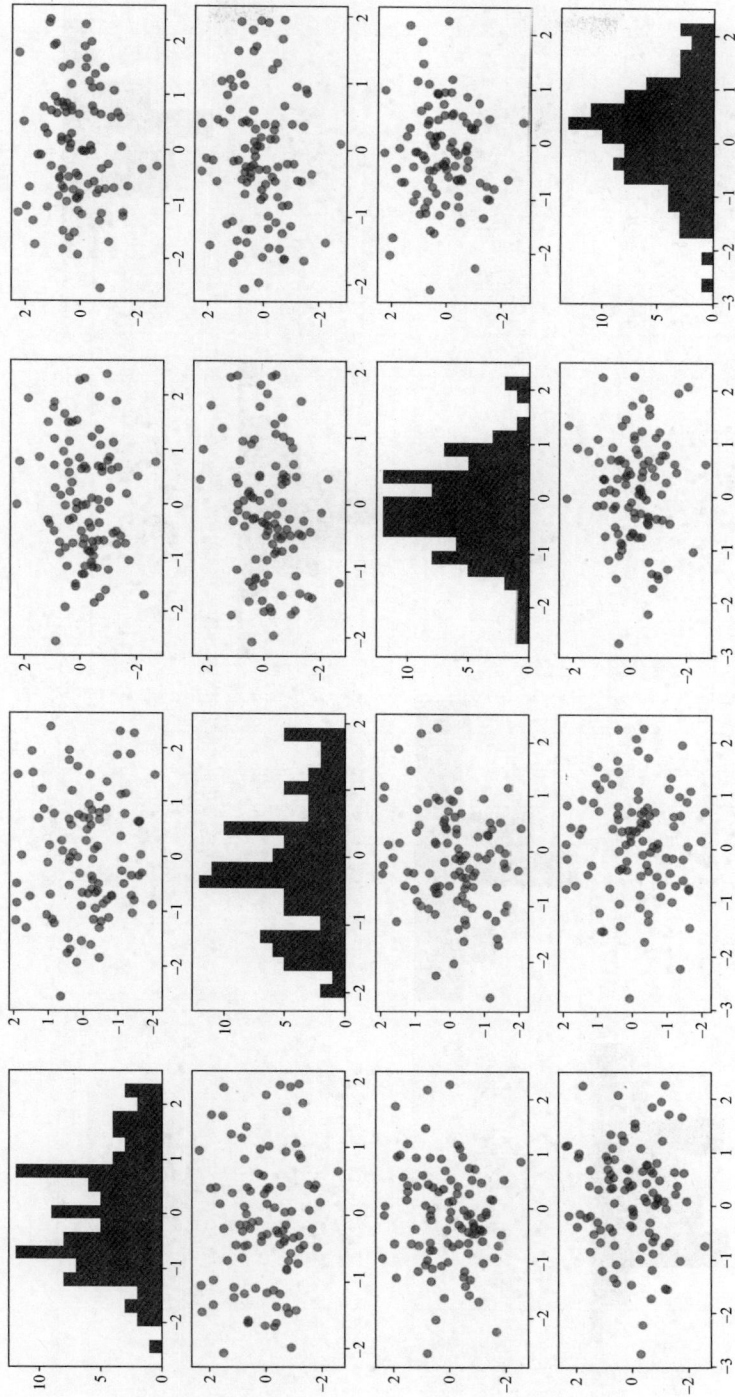

图 7-12　使用 Matplotlib 绘制散点图矩阵

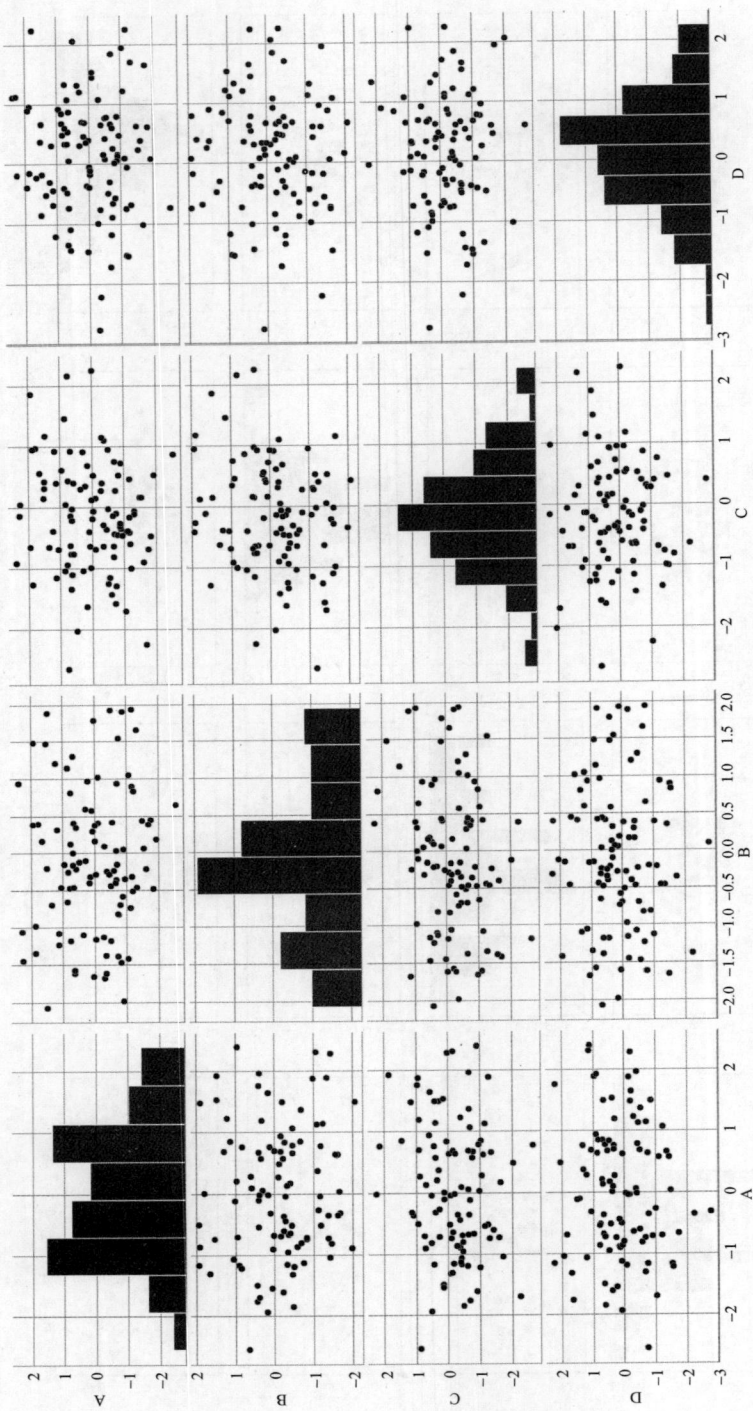

图 7-13 使用 Seaborn 绘制散点图矩阵

7.3.3 Seaborn 绘图参数设置

本节将展示不同风格与模板设置下,同一份数据画出的图有何不同。Seaborn 共有五种风格,分别为 darkgrid(见图 7-14)、whitegrid(见图 7-15)、dark(见图 7-16)、white(见图 7-17)和 ticks(见图 7-18)。

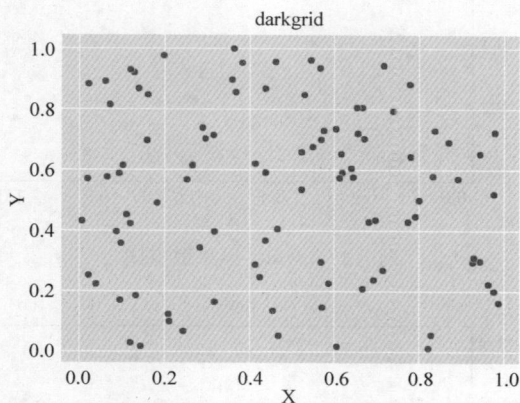

图 7-14 darkgrid 风格散点图

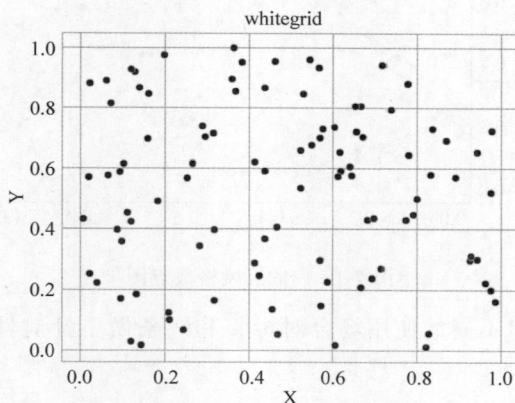

图 7-15 whitegrid 风格散点图

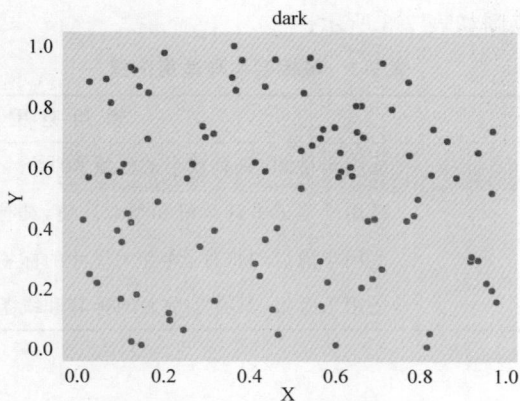

图 7-16 dark 风格散点图

white

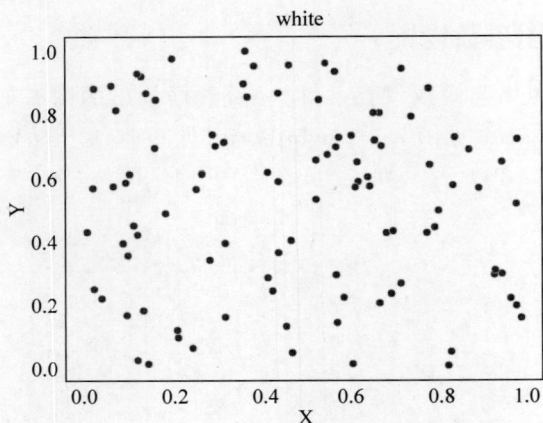

图 7-17 white 风格散点图

ticks

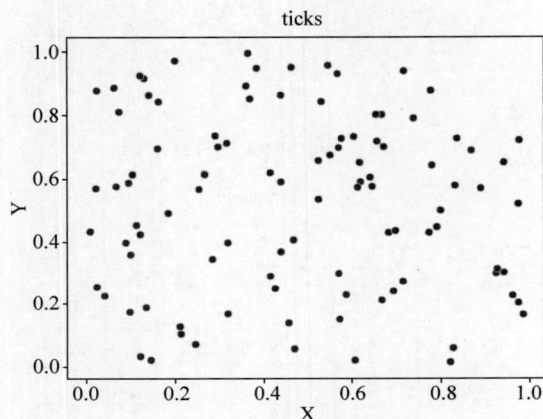

图 7-18 ticks 风格散点图

此外,Seaborn 针对不同的使用场合对标签和线条做了针对性设计,称为模板,使用如下代码进行设置。

```
sns.set_theme(context = "notebook")
```

模板名称与适用范围如表 7-3 所示。

表 7-3 模板名称与适用范围

模 板 名 称	适 用 范 围
paper	适用于小图,具有较小的标签和线条
notebook	适用于笔记本计算机和类似环境,具有中等大小的标签和线条
talk	适用于演讲幻灯片,具有大尺寸的标签和线条
poster	适用于海报,具有非常大的标签和线条

图 7-19 与图 7-20 分别是使用 paper 模板与 poster 模板绘制的散点图。

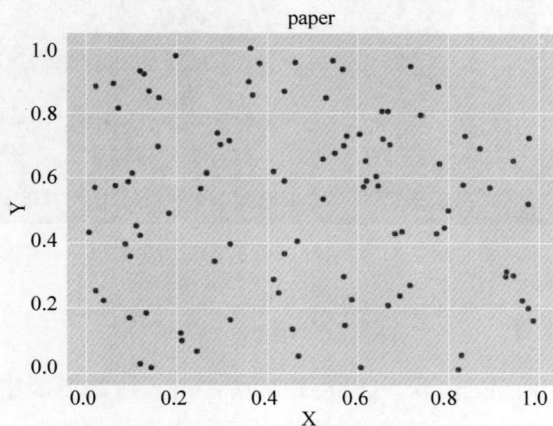

图 7-19 使用 paper 模板绘制的散点图

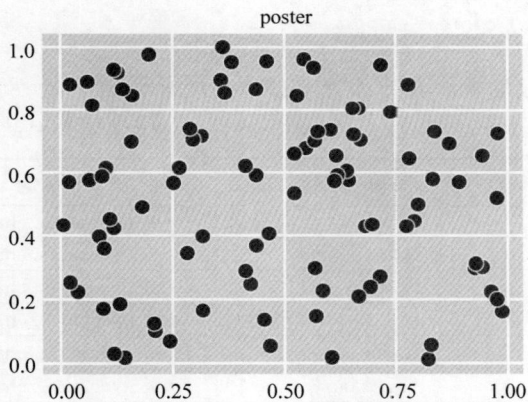

图 7-20 使用 poster 模板绘制的散点图

7.4 pyecharts 图表绘制

7.4.1 pyecharts 安装

若要安装 pyecharts 库，只需要在命令行界面中执行以下命令：

```
pip install pyecharts
```

如果遇到网络问题报错，检查网络连接正常后，可以使用国内镜像安装，命令如下。

```
pip install pyecharts -i https://pypi.tuna.tsinghua.edu.cn/simple
```

安装成功界面如图 7-21 所示。

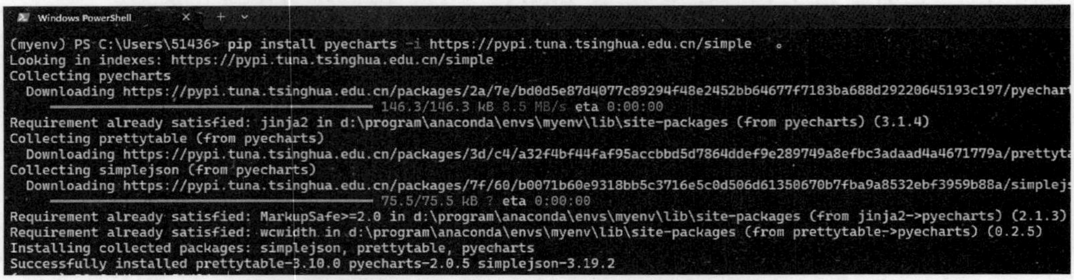

图 7-21　pyecharts 安装成功界面

7.4.2　pyecharts 绘图

要想在代码中使用 pyecharts，可以在开头按需引入所需要的组件，例如想要绘制柱状图，则可以加入以下内容，来引入绘制柱状图所需的 Bar 工具。

```
from pyecharts.charts import Bar
from pyecharts import options as opts
```

绘制不同图表对应的模块及导入方式如表 7-4 所示。

表 7-4　pyecharts 绘制图表对应的模块及导入方式

图 表 名 称	对 应 模 块	引 入 方 式
折线图	Line	from pyecharts.charts import Line
柱状图	Bar	from pyecharts.charts import Bar
散点图	Scatter	from pyecharts.charts import Scatter
饼图	Pie	from pyecharts.charts import Pie
星状图	Radar	from pyecharts.charts import Radar
热力图	HeatMap	from pyecharts.charts import HeatMap
K 线图	Kline	from pyecharts.charts import Kline
箱线图	Boxplot	from pyecharts.charts import Boxplot
地图	Map	from pyecharts.charts import Map
词云图	WordCloud	from pyecharts.charts import WordCloud
仪表盘	Gauge	from pyecharts.charts import Gauge
漏斗图	Funnel	from pyecharts.charts import Funnel
树图	Tree	from pyecharts.charts import Tree
平行坐标图	Parallel	from pyecharts.charts import Parallel
桑基图	Sankey	from pyecharts.charts import Sankey
地理坐标系图	Geo	from pyecharts.charts import Geo
时间线图	Timeline	from pyecharts.charts import Timeline
三维散点图	Scatter3D	from pyecharts.charts import Scatter3D
三维柱状图	Bar3D	from pyecharts.charts import Bar3D
三维曲面图	Surface3D	from pyecharts.charts import Surface3D

使用 pyecharts 绘制柱状图的示例代码如下，使用了链式调用风格。链式调用风格允许通过连续调用对象的方法来构建和配置图表。每次方法调用都会返回图表对象本身，使得可以在一行代码中完成多个配置操作。这种方式简化了代码结构，使代码更加

直观和易读。

```
from pyecharts.charts import Bar
from pyecharts import options as opts

bar = (
    Bar()
    .add_xaxis(["衬衫", "毛衣", "领带", "裤子", "风衣", "高跟鞋", "袜子"])
    .add_yaxis("商家 A", [114, 55, 27, 101, 125, 27, 105])
    .add_yaxis("商家 B", [57, 134, 137, 129, 145, 60, 49])
    .set_global_opts(title_opts = opts.TitleOpts(title = "某商场销售情况"))
)
bar.render('./bar.html')
```

在该段代码中,Bar()创建了一个 Bar 图表对象,这是构建柱状图的起点。

add_xaxis()函数设置了 x 轴的数据。其传入的参数是一个列表,包含 x 轴上的标签,即不同的商品类型。

add_yaxis()函数设置了 y 轴的数据。其传入的第 1 个参数是该组数据的名称"商家A";第 2 个参数是一个列表,列表中的值与 x 轴标签一一对应。

opts.TitleOpts(title = "某商场销售情况")返回标题配置项,其中的 title 参数设置标题的内容。

set_global_opts()函数接受各种配置项。在此段代码中,接受 title_opts 参数,参数类型为标题配置项。

bar.render()函数将最终的图表渲染出来,可以指定一个文件路径作为输出路径,一般为 HTML 格式。运行这段代码后,输出文件会出现在 bar.render()函数指定的位置,使用浏览器打开即可看到绘制的图表,如图 7-22 所示。

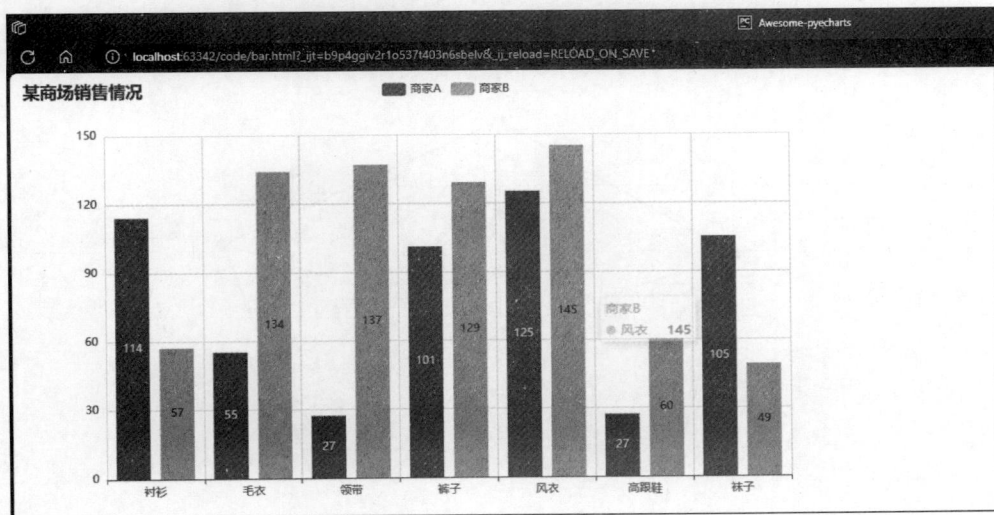

图 7-22　使用浏览器打开 pyecharts 生成的柱状图

pyecharts 可以很方便地生成很多在互联网上广泛流行的图表。以下是使用 pyecharts生成星状图的示例代码。

```python
from pyecharts import options as opts
from pyecharts.charts import Radar

# 定义指标名称与范围
indicator_data = [
    {"name": "攻击力", "max": 100},
    {"name": "防御力", "max": 100},
    {"name": "生命值", "max": 100},
    {"name": "速度", "max": 100},
    {"name": "魔法值", "max": 100},
]

# 定义数据
data = [[70, 80, 85, 90, 95]]    # 示例数据,攻击力、防御力、生命值、速度、魔法值

# 绘制星状图
radar = (
    Radar()
    .add_schema(indicator_data)
    .add("英雄属性", data)
    # 不显示系列数据的具体值
    .set_series_opts(label_opts = opts.LabelOpts(is_show = False))
    .set_global_opts(title_opts = opts.TitleOpts(title = "英雄属性星形图"))
)

# 生成 HTML 文件
radar.render("radar_chart.html")
```

生成的星状图如图 7-23 所示。

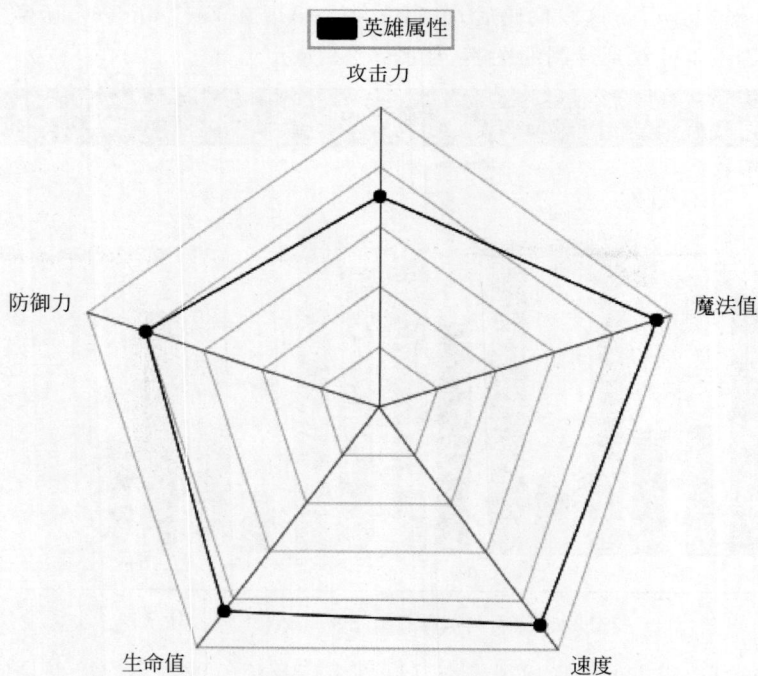

图 7-23　使用 pyecharts 生成的星状图

7.4.3　pyecharts 绘图参数设置

set_global_opts()是 pyecharts 中用于设置全局配置项的函数,该函数允许用户配置图表的一些全局属性,如标题、坐标轴、图例等。

以下是一些常用的全局配置项配置代码及对应说明。

```
bar_chart.set_global_opts(
    title_opts = opts.TitleOpts(title = "标题 ", subtitle = "副标题"),
    xaxis_opts = opts.AxisOpts(name = "x 轴名称 "),
    yaxis_opts = opts.AxisOpts(name = "y 轴名称 "),
    legend_opts = opts.LegendOpts(pos_left = "center", pos_top = "top"),
    toolbox_opts = opts.ToolboxOpts(),
    tooltip_opts = opts.TooltipOpts(trigger = "axis", axis_pointer_type = "cross"),
)
```

(1) title_opts:标题配置项,可以设置主标题和副标题,以及相关的样式设置。

(2) xaxis_opts 和 yaxis_opts:x 轴和 y 轴的配置项,可以设置轴的名称、轴线样式等。

(3) legend_opts:图例配置项,可以设置图例的位置、样式等。

(4) toolbox_opts:工具箱配置项,用于添加一些交互工具,如保存为图片、数据视图等。

(5) tooltip_opts:提示框配置项,可以设置提示框的触发方式、样式等。

pyecharts 也提供了主题设置选项,可以通过以下代码,在初始化 Bar()函数时,将设置好的主题的初始化参数 init_opts 传入。

```
from pyecharts.globals import ThemeType
init_opts = opts.InitOpts(theme = ThemeType.DARK)
Bar(init_opts = init_opts)
```

更改为 DARK 主题的柱形图如图 7-24 所示。

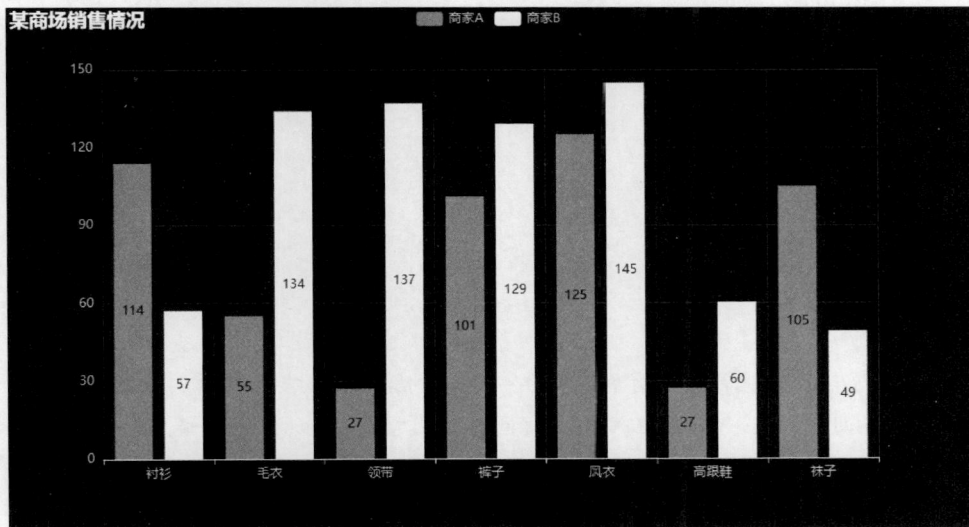

图 7-24　DARK 主题的柱形图

7.5　NetworkX 图表绘制

7.5.1　NetworkX 安装

若要安装 NetworkX 库，只需要在命令行界面中执行以下命令即可。

```
pip install networkx
```

成功安装后的界面如图 7-25 所示。

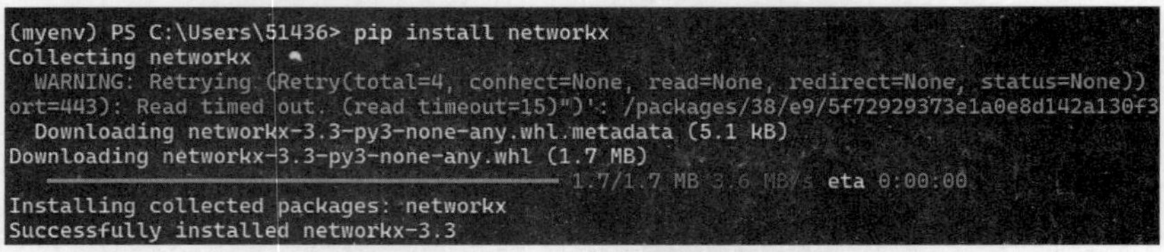

图 7-25　安装成功后的界面

要想在代码中使用 NetworkX 库，可以在开头加入以下代码来引入该库，一般使用 nx 缩写来代替其原始名称。

```
import networkx as nx
```

7.5.2　NetworkX 绘图

使用 NetworkX 绘制无向图的示例代码如下。与 Seaborn 类似，NetworkX 也与 Matplotlib 配合紧密，最后展示图片时也用到了 plt.show() 函数。

```python
import networkx as nx
import matplotlib.pyplot as plt

# 如果使用 PyCharm 运行，请加上以下两行代码
import matplotlib
matplotlib.use("TkAgg")

# 创建无向图
F = nx.Graph()
# 一次添加一条边
F.add_edge(11, 12)
nx.draw(F, with_labels = True)
plt.show()
```

这段代码绘制了一个包含两个节点和一条边的无向图，结果如图 7-26 所示。
下面介绍如何使用 NetworkX 绘制有向图及批量添加边，示例代码如下。

```python
import networkx as nx
import matplotlib.pyplot as plt
```

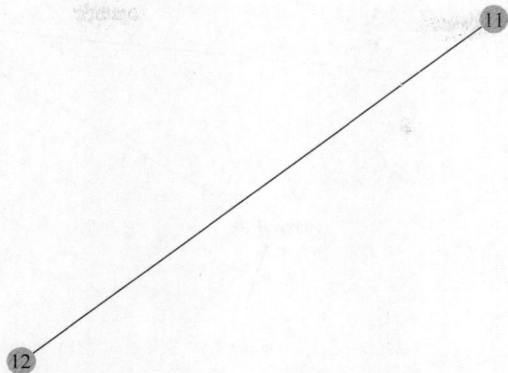

图 7-26　生成的无向图

```python
# 如果使用 PyCharm 运行,请加上以下两行代码
import matplotlib
matplotlib.use("TkAgg")
# 设置中文字体,防止乱码
plt.rcParams["font.sans - serif"] = ["SimHei"]
# 设置正常显示负号
plt.rcParams["axes.unicode_minus"] = False

# 创建边集合
relationships = [
    ("Python", "科学计算"),
    ("Python", "网络应用"),
    ("网络应用", "网络开发"),
    ("科学计算", "热门领域"),
    ("网络开发", "热门领域")
]

# 创建有向图
G = nx.DiGraph()

# 批量添加边
G.add_edges_from(relationships)

# 可视化网络
plt.figure(figsize = (10, 6))
nx.draw(G, with_labels = True)
plt.show()
```

结果如图 7-27 所示。

如果想为边加上权重有以下 3 种方法。

可以在添加边的时候带上权重值及权重名称。示例代码如下。其中参数 weight 可以更改为任意的权重名称,可以使用 G['A']['B']['w']或者 G.edges['A','B']['w']来访问和修改对应边的权重。

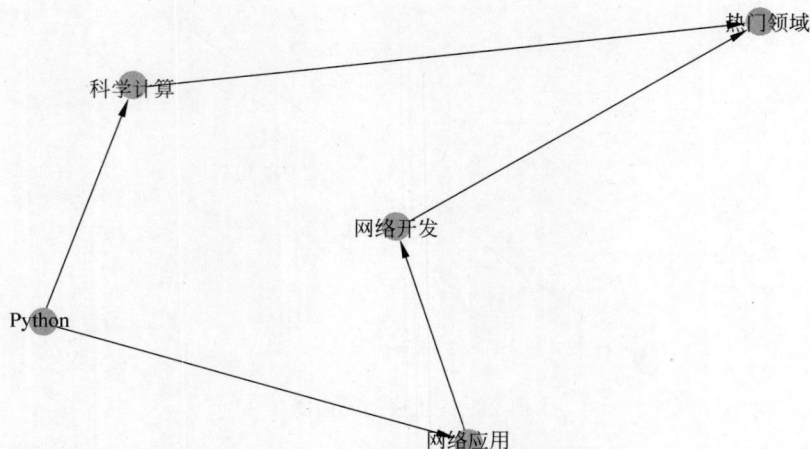

图 7-27　生成的有向图

```
G.add_edge('A', 'B', weight = 2.5)
print(G['A']['B']['w'])
print(G.edges['A', 'B']['w'])
```

还可以批量添加带权重的边,示例代码如下。只需要将传入的二元组列表改为带权重数值的三元组列表,即可使用 add_weighted_edges_from()函数来批量添加带权重的边,并且可以使用 weight 参数来指定权重名称。

```
relationships = [
    ("Python", "科学计算", 1.2),
    ("Python", "网络应用", 1),
    ("网络应用", "网络开发", 100),
    ("科学计算", "热门领域", -10),
    ("网络开发", "热门领域", 0)
]

# 创建有向图
G = nx.DiGraph()
# 添加节点
G.add_weighted_edges_from(relationships, weight = 'weight')
```

权重名称也可以直接被包含进数据列表中,示例代码如下。可以注意到,权重名称可以不一致,而且可以在字典中包含多个权重值,这为创建多权重图提供了方便。用这种数据格式批量添加带权重的边时需要使用 add_edges_from()函数。

```
relationships = [
    ("Python", "科学计算", {'weight': 1.2}),
    ("Python", "网络应用", {'weight': 10}),
    ("网络应用", "网络开发", {'weight': 3}),
    ("科学计算", "热门领域", {'weight': 2}),
    ("网络开发", "热门领域", {'weight2': 1, 'weight3': 2})
```

```
]
# 创建有向图
G = nx.DiGraph()
# 添加节点
G.add_edges_from(relationships)
```

7.5.3 NetworkX 绘图参数设置

对于图结构网络来说，可以有多种排布方式，但是如果随意排布，可能会使生成的图混乱、不美观。本节将介绍如何使用 NetworkX 来设置图结构网络，使其输出的图表排布整齐、均匀。示例代码如下。使用 nx.spring_layout()函数输出一个位置集合，并在绘图时传入这个参数，即可得到 spring_layout 算法下的图结构，如图 7-28 所示。

```python
import networkx as nx
import matplotlib.pyplot as plt

# 如果使用 PyCharm 运行,请加上以下两行代码
import matplotlib
matplotlib.use("TkAgg")
# 设置中文字体,防止乱码
plt.rcParams["font.sans-serif"] = ["SimHei"]
# 设置正常显示负号
plt.rcParams["axes.unicode_minus"] = False

# 创建边集合
relationships = [
    ("Python", "科学计算", {'weight': 1.2}),
    ("Python", "网络应用", {'weight': 10}),
    ("网络应用", "网络开发", {'weight': 3}),
    ("科学计算", "热门领域", {'weight': 2}),
    ("网络开发", "热门领域", {'weight': 1})
]

# 创建有向图
G = nx.DiGraph()
# 添加节点
G.add_edges_from(relationships)
# 可视化网络
plt.figure(figsize=(10, 6))
# 使用 spring_layout 算法排布节点
pos = nx.spring_layout(G, seed=42)
# 传入算法产生的位置集合 pos
nx.draw(G, pos, with_labels=True)
plt.show()
```

使用以下代码可以调整图中其他样式，得到的图如图 7-29 所示。需要注意的是，使用 plt.title()函数设置图标题时，需要放在 nx.draw()函数的前面，否则可能导致标题设置失败。

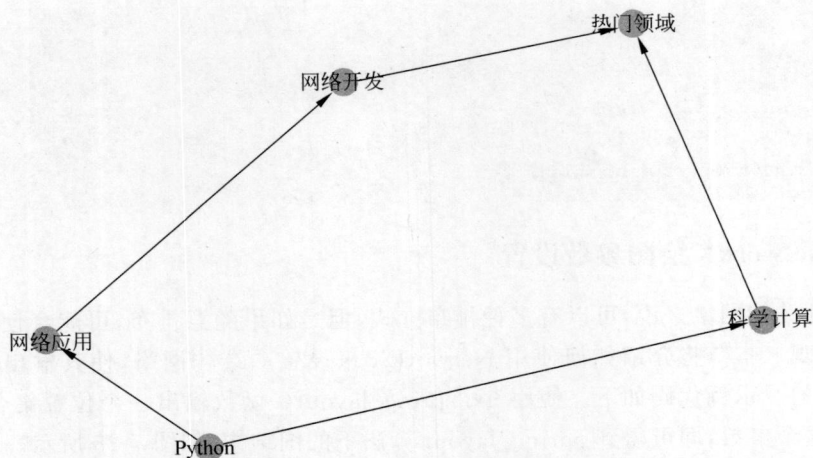

图 7-28　使用 spring_layout 算法绘制的图结构

```
plt.figure(figsize = (10, 6))
plt.title("短语网络")
# 使用 spring_layout 算法排布节点
pos = nx.spring_layout(G, seed = 42)
# 传入算法产生的位置集合 pos
nx.draw(G, pos, with_labels = True, node_size = 2000, node_color = "lightblue", font_size =
10, font_weight = "bold", edge_color = "gray")
```

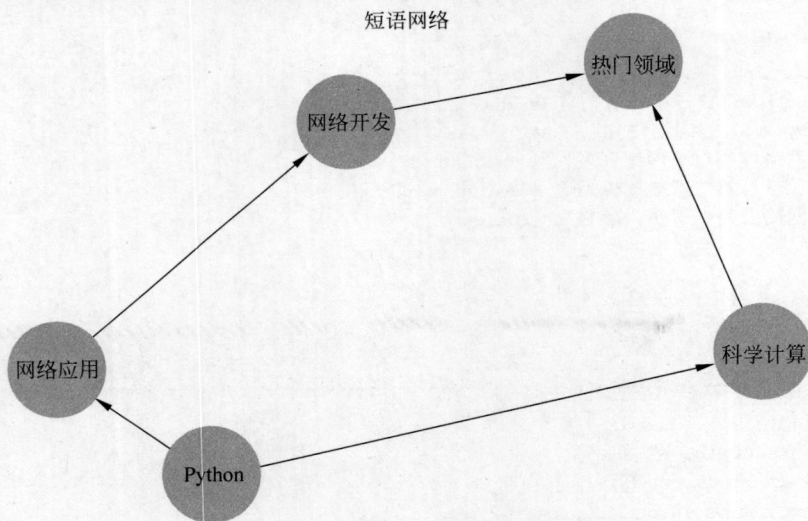

图 7-29　调整格式后得到的短语网络图

　　如果需要显示边的权重，可以使用以下代码。首先使用 nx.get_edge_attributes()函数得到权重值列表，再使用 nx.draw_networkx_edge_labels()函数来将其添加到图中。注意，此函数的 pos 参数是必需的。得到的带权图如图 7-30 所示。

```
labels = nx.get_edge_attributes(G, 'weight')
nx.draw_networkx_edge_labels(G, pos, edge_labels = labels)
```

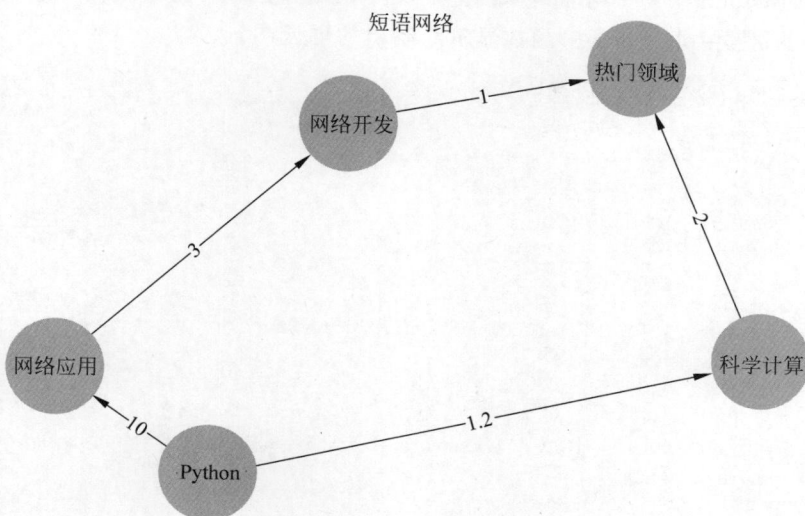

图 7-30　带权图

7.6　wordcloud 图表绘制

7.6.1　wordcloud 安装

若要安装 wordcloud 库,只需在命令行界面中执行以下命令:

```
pip install wordcloud
```

安装成功后的界面如图 7-31 所示。

图 7-31　安装成功后的界面

7.6.2　wordcloud 绘图

使用 wordcloud 绘图十分简单,准备好文本文件,使用一行代码即可生成词云图。示例代码如下,使用 plt.Show()函数显示绘制出的词云图。

```python
import matplotlib.pyplot as plt
from wordcloud import WordCloud

# 如果使用 PyCharm 运行,请加上以下两行代码
import matplotlib
matplotlib.use("TkAgg")

# 读取文本文件内容
with open('chezhan.txt', 'r', encoding = 'utf-8') as file:
    text = file.read()

# 创建词云对象
wordcloud = WordCloud(font_path = 'simsun.ttc', width = 800, height = 400, background_color =
'white').generate(text)

# 创建 figure 画布
plt.figure(figsize = (10, 5))
# 在 figure 上显示词语图片
# 使用'bilinear'双线性插值,平滑处理图片缩放
plt.imshow(wordcloud, interpolation = 'bilinear')
# 设置为不显示坐标轴
plt.axis('off')
plt.show()
```

绘制出的词云图如图 7-32 所示。

图 7-32　词云图绘制

7.6.3　wordcloud 绘图参数设置

wordcloud 库提供了丰富的参数,可以用来定制生成的词云图。一些主要参数及说明如表 7-5 所示。

表 7-5 wordcloud 的主要参数及说明

参 数	说 明
width	画布的宽度
height	画布的高度
mask	用于创建词云图形状的遮罩
scale	计算和绘图之间的缩放
min_font_size	单词的最小字体大小
max_font_size	单词的最大字体大小
max_words	单词的最大数量
stopwords	要从词云图中排除的单词
background_color	词云图的背景颜色
mode	图像的色彩模式（RGB 或 RGBA）
colormap	用于给单词上色的 Matplotlib 颜色映射
contour_width	词云图轮廓的宽度
contour_color	词云图轮廓的颜色
repeat	如果空间允许,是否重复单词
include_numbers	在词云图中包含数字
min_word_length	单词必须具有的最少字母数
prefer_horizontal	更倾向于单词的水平排列

思考与练习

选择题

1. （   ）是 Python 中多被用于制作统计图表的库。

A. Matplotlib   B. Seaborn   C. wordcloud   D. NetworkX

2. pyecharts 库特别适合用于（   ）任务。

A. Web 环境中具有丰富的交互功能的可视化

B. 探索性数据分析（EDA）

C. 实时数据流处理

D. 复杂网络结构分析

3. 下列关于 Matplotlib 的描述正确的是（   ）。

A. axis 对象是容纳具体图表的对象

B. plt.scatter()函数用于绘制线图

C. 颜色、点样式、线条样式可以通过参数字符串组合设置

D. subplot()函数用于在一个 axes 中添加多个 figure

4. 以下（   ）是绘制箱线图时 pyecharts 导入的内容。

A. from pyecharts.charts import Line

B. from pyecharts.charts import Bar

C. from pyecharts.charts import Kline

D. from pyecharts.charts import Boxplot

5. 以下（　　　）方法用于 NetworkX 生成节点排布位置。

A. nx. spring_layout()　　　　　　　　B. G. add_weighted_edges_from()

C. G. add_node()　　　　　　　　　　　D. G. remove_edge()

判断题

1. Matplotlib 库是 Python 中十分重要的绘图基础库,主要提供一个类似 MATLAB 的图形绘制界面,很多库的绘图功能都基于 Matplotlib。　　　　　　　（　　　）

2. Matplotlib 绘图时颜色、点样式、线条样式可以通过参数字符串组合设置。

（　　　）

3. 使用 plt. subplot(2，2，1)函数绘制子图时,第 1 个参数代表子图的总行数,第 2 个参数代表子图的总列数,第 3 个参数代表 axes 活跃区域的编号,该编号从 0 开始。

（　　　）

4. Seaborn 的 paper 风格适用于小图,具有较小的标签和线条。　　　　（　　　）

5. add_weighted_edges_from()函数用于批量添加带权重的边。　　　　（　　　）

问答题

1. Python 为什么需要 Matplotlib?

2. 为什么 Matplotlib 之后还发展出了 Seaborn?

3. 给出 Matplotlib 中为图表添加标题和坐标轴标签的示例代码。

4. 如何在 NetworkX 绘图时为边加上权重并显示出来? 请简述步骤并给出示例代码。

5. Seaborn 相较于 Matplotlib 有哪些优势?

章节实训:绘制可视化图表

实训目标

掌握如何使用 Python 的 Seaborn 和 pyecharts 来创建数据可视化图表,并掌握如何更改图表的主题和样式,以满足不同的展示需求。

实训思路

1. 确保 Python 环境已正确安装,并通过 pip 安装 Seaborn 和 pyecharts。

2. 基本绘图:按照 Seaborn 和 pyecharts 的文档,创建基本的图表类型,如散点图、直方图、密度图等。

3. 主题应用:探索并应用 Seaborn 和 pyecharts 的不同主题,观察和比较这些主题对图表外观的影响。

4. 样式自定义:尝试调整图表的更多样式选项,如颜色、字体大小和图表元素的布局。

第5部分　应用案例

第 **8** 章

案例：用户消费行为分析

用户行为分析是数据分析的一个重要应用领域。刷短视频 App 时的视频推荐、购物时各种相关产品的推荐等都是基于对用户行为的分析实现的。而本章要介绍的是用户行为分析中更为细分的方面，即用户消费行为的分析。通过对用户消费行为进行分析，商家可以知道哪些客户是重点服务对象，哪些客户会有更换服务的风险等。

本案例通过 RFM 模型实现用户消费行为的分析，即对给定数据进行用户分层。具体而言，RFM 数据分析工作流程由数据读入、数据清洗和预处理、RFM 统计量计算、RFM 归类和结果保存 5 个阶段组成。

8.1 RFM 模型简介

RFM 模型是衡量用户价值和用户创利能力的重要工具和手段。在众多的客户关系管理(Customer Relationship Management，CRM)的分析模式中，RFM 模型被广泛提到。该模型通过一个用户的最近一次消费、消费频率及消费金额 3 项统计量描述该用户的价值状况，具体如下。

(1) 最近一次消费(Recency，简称 R)：用户上一次购买的时间。可计算最后一次交易距离今天的时间间隔。

(2) 消费频率(Frequency，简称 F)：用户在限定的期间内购买的次数。通常情况下，越常购买的用户，满意度越高。

(3) 消费金额(Monetary，简称 M)：用户在一段时间内的消费总金额。

8.2 数据读入

本案例使用 CSV 格式的表格数据，数据提供了详细的用户购买记录，包括用户 ID (CustomerID)、数量(Quantity)、购买时间(InvoiceDate)和单价(UnitPrice)，具体如表 8-1 所示。其中，购买时间通过开发票时间确定。

表 8-1　用户购买情况表

CustomerID	Quantity	InvoiceDate	UnitPrice
17850	6	1/12/2010 8:26	2.55
17850	6	1/12/2010 8:26	3.39
17850	8	1/12/2010 8:26	2.75
13047	3	1/12/2010 8:34	4.95
13047	3	1/12/2010 8:34	4.95
12583	24	1/12/2010 8:45	3.75
12583	24	1/12/2010 8:45	3.75

在读取数据之前，先导入需要使用的工具包，代码如下所示。

```
import numpy as np
import pandas as pd
import pandas_profiling
```

使用 Pandas 库直接对 CSV 文件进行解析读入，便于利用其内置的数据框架进行后续分析。

直接调用接口读入的代码如下所示。

```
df = pd.read_csv('OnlineRetail.csv', sep = ',')
```

8.3　数据清洗和预处理

观察原始数据，可以发现存在一些空数据。此外，为了计算 RFM 模型的三个统计量，还需要对原数据表进行一些合并操作，如以用户个体为粒度进行消费记录的合并。因此该部分主要有两个操作：数据清洗和数据预处理。

8.3.1　数据清洗

原始数据中存在一些空数据，即用户 ID 为空的数据，这部分数据显然是无法进行用户分类的。除了清洗这些数据外，部分数据的类型也需要进行转换：

（1）用户 ID 需要转换为整数（默认为浮点小数）。

（2）购买日期需要转换为日期格式（默认为文本格式，不便于后续利用 Pandas 库进行日期计算）。

因此数据需要先进行清洗、剔除，再进行类型转换，代码如下所示。

```
df = df.dropna()
df[id_key] = df[id_key].astype(int)
df[amount_key] = df[amount_key].astype(int)
df[date_key] = pd.to_datetime(df[date_key], format = '%d- %m- %Y %H: %M')
```

经过清洗后的数据如图 8-1 所示，由于空间有限，仅显示首、尾部的数行数据。

```
      CustomerID  Quantity          InvoiceDate  UnitPrice
0          17850         6  2010-12-01 08:26:00       2.55
1          17850         6  2010-12-01 08:26:00       3.39
2          17850         8  2010-12-01 08:26:00       2.75
3          17850         6  2010-12-01 08:26:00       3.39
4          17850         6  2010-12-01 08:26:00       3.39
...          ...       ...                  ...        ...
541904     12680        12  2011-12-09 12:50:00       0.85
541905     12680         6  2011-12-09 12:50:00       2.10
541906     12680         4  2011-12-09 12:50:00       4.15
541907     12680         4  2011-12-09 12:50:00       4.15
541908     12680         3  2011-12-09 12:50:00       4.95
```

图 8-1 清洗后的数据部分展示

8.3.2 数据预处理

为了计算 RFM 模型的统计量，需要对清洗过的数据进行预处理，以便于后续计算。具体而言，需要按照用户进行消费记录的整合，包括计算出下列中间过程统计量：

（1）从用户的全部购买历史记录中，找出最近的购买日期。

（2）从用户的全部购买历史记录中，计算购买消费品总量。

（3）将用户购买记录条目中的购买单价和购买数量相乘，得到购买总金额。

具体实现代码如下所示。

```
df[total_price_key] = df[amount_key] * df[unit_price_key]
rfm = df.pivot_table(
    index = [id_key],
    aggfunc = {
        amount_key: 'sum',
    total_price_key: 'sum',
        date_key: 'max'
    }
)
```

8.4 RFM 统计量计算

对数据预处理后，可以方便地计算最近一次消费、消费频率和消费金额 3 项 RFM 统计量。使用 Python 代码与 Pandas 库逐个进行计算：

（1）预计算：先计算出今天的日期（使用的是数据表中的最新日期 max_dt）。

（2）R 计算：计算出每个用户最后一次交易距离今天的时间间隔，即 R。

（3）F 计算：通过预处理得到总的购买的消费品数目，即 F。

（4）M 计算：通过预处理得到总的消费金额，即 M。

对应代码如下所示。

```
max_dt = df[date_key].max()
rfm['R'] = (max_dt - df.groupby(by = id_key)[date_key].max()) /
np.timedelta64(1, 'D')
rfm['F'] = rfm[amount_key]
```

```
rfm['M'] = rfm[total_price_key]

rfm = rfm.drop(labels = [amount_key, total_price_key, date_key], axis = 1)
```

上述代码还剔除一些 RFM 表格中间暂时使用的列。

8.5　RFM 归类

计算得到 RFM 三个统计量后，可以根据 RFM 模型的定义，在将各列数据减去均值后，对用户进行归类，用户类型编码如表 8-2 所示。

表 8-2　用户类型编码

RFM 编码	用 户 类 型
111	重要价值用户
011	重要保持用户
101	重要挽留用户
001	重要发展用户
110	一般价值用户
010	一般保持用户
100	一般挽留用户
000	一般发展用户

以下代码中包含了对应功能的注释描述。

```
# 映射函数:计算 RFM 编码
def __RFM_line_wise_coding(r):
    level = r.map(lambda l: '1' if l > 0 else '0')
    return f'[{level.R + level.F + level.M}]'

# 映射函数:计算 RFM 模型的分类结果
def __RFM_line_wise_labeling(r):
    level = r.map(lambda l: '1' if l > 0 else '0')
    code = level.R + level.F + level.M
    d = {
        '111': '重要价值用户',
        '011': '重要保持用户',
        '101': '重要挽留用户',
        '001': '重要发展用户',
        '110': '一般价值用户',
        '010': '一般保持用户',
        '100': '一般挽留用户',
        '000': '一般发展用户'
    }
    label = d[code]
    return label

# 映射函数:进行减去均值的标准化
```

```python
def __RFM_line_wise_normalizing(r):
    return r - r.mean()

# RFM 模型工作主函数
def RFM_modeling(rfm: pd.DataFrame):
    normed = rfm.apply(__RFM_line_wise_normalizing)
    rfm['code'] = normed.apply(__RFM_line_wise_coding, axis = 1)
    rfm['label'] = normed.apply(__RFM_line_wise_labeling, axis = 1)
    return rfm
```

最终的 RFM 表格简览如图 8-2 所示。由于空间有限，仅显示首尾的数行数据，同时展示了 RFM 编码和用户类型。

CustomerID	R	F	M	code	label
12346	325.106250	0	0.00	[100]	一般挽留用户
12347	1.873611	2458	4310.00	[011]	重要保持用户
12348	74.984028	2341	1797.24	[010]	一般保持用户
12349	18.124306	631	1757.55	[000]	一般发展用户
12350	309.867361	197	334.40	[100]	一般挽留用户
...	...	...	...	...	...
18280	277.123611	45	180.60	[100]	一般挽留用户
18281	180.081250	54	80.82	[100]	一般挽留用户
18282	7.046528	98	176.60	[000]	一般发展用户
18283	3.033333	1397	2094.88	[011]	重要保持用户
18287	42.139583	1586	1837.28	[010]	一般保持用户

图 8-2　RFM 表格简览

8.6　结果保存

计算得到 RFM 分类结果后，将结果导出为 CSV 表格文件，以便后续进行进一步的观察和分析，代码如下所示。

```python
rfm.to_csv('rfm_result.csv', encoding = 'GBK')
```

8.7　可视化结果

为了更好地展示用户分层的效果，对得到的分类结果进行了更详细的可视化。如图 8-3 所示，分别对用户类型的分布和百分占比进行了可视化，这将有助于对营销数据分析做整体的概览。

此外，还对 RFM 的 3 个统计量的分布进行了总结。如图 8-4 所示，R、F、M 3 个统计量都显示出明显的长尾分布，可以看出其实大多数用户的消费情况都处于一个很低的水平。这说明挖掘新用户、构造新需求、开展更广泛的营销是有必要的。

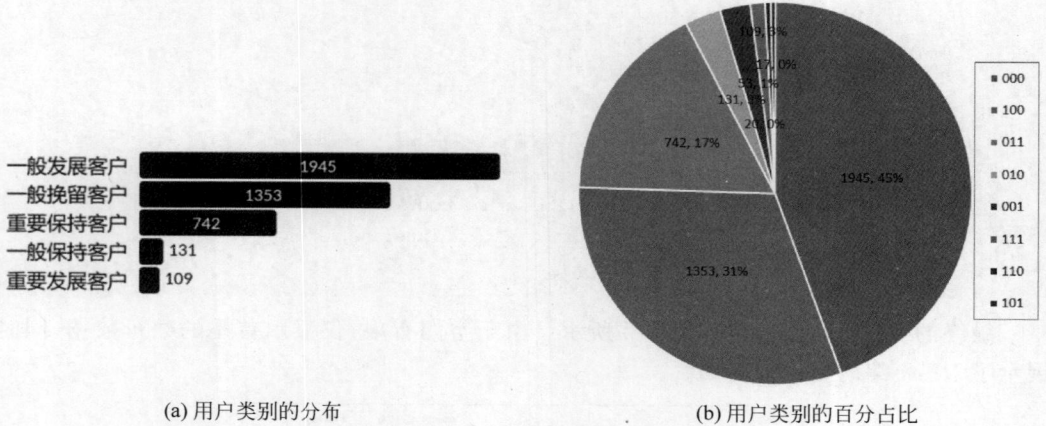

(a) 用户类别的分布　　　　　　　　　　　(b) 用户类别的百分占比

图 8-3　对用户类型分类结果的可视化（见彩图）

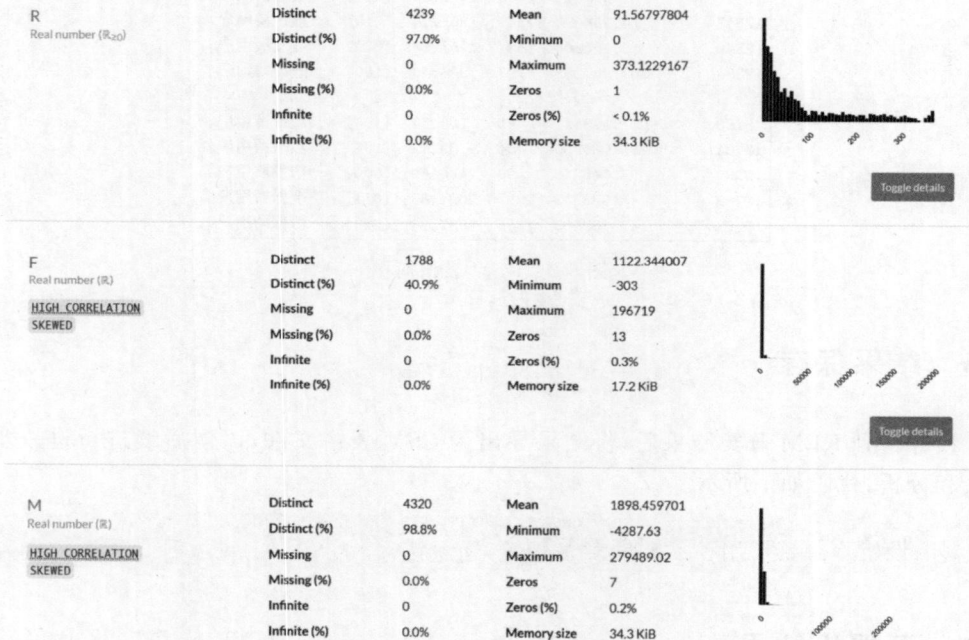

R
Real number (R_{20})

Distinct	4239	Mean	91.56797804
Distinct (%)	97.0%	Minimum	0
Missing	0	Maximum	373.1229167
Missing (%)	0.0%	Zeros	1
Infinite	0	Zeros (%)	< 0.1%
Infinite (%)	0.0%	Memory size	34.3 KiB

Toggle details

F
Real number (R)

HIGH_CORRELATION
SKEWED

Distinct	1788	Mean	1122.344007
Distinct (%)	40.9%	Minimum	-303
Missing	0	Maximum	196719
Missing (%)	0.0%	Zeros	13
Infinite	0	Zeros (%)	0.3%
Infinite (%)	0.0%	Memory size	17.2 KiB

Toggle details

M
Real number (R)

HIGH_CORRELATION
SKEWED

Distinct	4320	Mean	1898.459701
Distinct (%)	98.8%	Minimum	-4287.63
Missing	0	Maximum	279489.02
Missing (%)	0.0%	Zeros	7
Infinite	0	Zeros (%)	0.2%
Infinite (%)	0.0%	Memory size	34.3 KiB

图 8-4　3 个统计量分布示意图

第 **9** 章

案例：爬取二手房房价数据并绘制热力图

本章将选取二手房房价数据，作为要爬取的数据内容。除了爬取数据，还将通过房价数据，结合地理坐标信息，绘制城市房价关注度的热力图，通过可视化的方式呈现，让读者对数据有更直观的认识。在这个案例中，选取热点二线城市沈阳的房价关注度，选取二手房数据质量比较高的链家网作为数据采集的来源网站，爬取的数据主要有二手房小区的名称、地理位置、户型、面积、价格、关注度这几个维度，地理位置转换用百度的地图 API，绘制热力图用可视化组件 ECharts。

9.1 数据抓取

本章研究的目标网站为链家网，主要内容包括找到数据来源的网站、抓包分析网站、选取解析方法、数据如何存储等。

9.1.1 分析网页

链家网中不同城市用了不同的二级域名，通过链家网首页，找到沈阳二手房对应的页面，该页面包括了在售、成交、小区等，按照需求，找到在售二手房的关注度，通过浏览网页，最终找到需要的数据的入口地址，目标网站为 https://sy.lianjia.com/ershoufang/pg1/。

然后再看翻页。可以通过变换 URL 实现某些网站的翻页；有些网站则需要找到翻页的接口，通过访问接口的方式翻页；还可以通过图形化的方法，模拟手动单击去完成翻页并获取下一页的数据。当然，用浏览器驱动自动化单击，性能会有所损失，耗时增加。在本章目标网站中，发现通过单击翻页按钮，页面的 URL 随着页数不同而变化，而且该网站的页数可以通过 URL 控制，其中 pg 后面的数字表示页码，所以访问时设置一个列表循环访问即可。

再来看看链家网的 HTML 规律。用 Chrome 浏览器开发者模式查看元素，可以看到，二手房的信息全部保存在 li class='clear'里面，如图 9-1 所示。找到规律，方便 BeautifulSoup 库解析网页。

图 9-1　链家网界面及 HTML 标签特征

　　确定了 URL,接下来分析如何请求和下载网页。通过上面的分析可知,需要网页响应的全部内容,以便从里面取出每条在售房源的基本信息。在这个案例中,选取了 Python 中功能更强大的 Requests 库,当然也可以用 urllib 库。

　　为了尽可能地模拟真实请求,在这个案例中请求的时候加了 header,header 中定制了 user-agent 信息,不过由于爬虫程序规模不大,被封禁(ban)的可能性很低,因此只写了一个固定的 user-agent。如果要大规模地使用 user-agent,可以使用 Python 的 fake-user-agent 库。下面请求添加 HTTP 头部,只要简单地传递一个 dict 给 headers 参数就可以了。需要注意的是,所有的 header 值必须是 string、bytestring 或者 unicode。尽管传递 Unicode header 也是允许的,但不建议这样做。

　　此外,Requests 在许多方面做了优化,如对字符集解码时,Requests 会自动解码来自服务器的内容。大多数 Unicode 字符集都能被无缝地解码,所以在大部分情况下,都可以忽略字符集的问题。

　　【提示】　请求发出后,Requests 会基于 HTTP 头部对响应的编码作出有根据的推测。当访问 r.text 之时,Requests 会使用其推测的文本编码。可以找出 Requests 使用了什么编码,并且能够使用 r.encoding 属性来改变它。如果改变了编码,每当访问 r.text,Request 都将会使用 r.encoding 的新值。可能希望在使用特殊逻辑计算出文本的编码的情况下来修改编码。例如 HTTP 和 XML 自身可以指定编码。因此应该使用 r.content 来找到编码,然后设置 r.encoding 为相应的编码。这样就能使用正确地编码解析 r.text 了。

　　然后分析如何定位正文元素,使用开发者模式来查看元素(见图 9-2),可以发现使用 houseInfo、priceInfo、followInfo 这几个 class 名称的值来定位房屋基本信息、价格、关注度这几个维度的数据。简单地搜索页面 HTML,发现这几个 class 名称没有在其他地方体现,指向很清楚,所以可以选用一个简单的 HTML 解析工具,在这里选取了

BeautifulSoup(简称 bs4)。用 BeautifulSoup 的 find_all()，如 soup. find_all('div',class_=
'priceInfo')，就可以提取到需要的数据。BeautifulSoup 的 find_all()获取的是一个 list
类型的数据，使用时需要注意。

```
▼<div class="info clear">
  ▶<div class="title">…</div>
  ▼<div class="address"> == $0
    │▼<div class="houseInfo">
    │   <span class="houseIcon"></span>
    │   <a href="https://sy.lianjia.com/xiaoqu/3111058356603/" target="_blank" data-log_index="1" data-el="region">阳光尚城4.1期 </a>
    │   " │ 2室2厅 │ 98.26平米 │ 南 北 │ 精装"
    │ </div>
   </div>
  ▶<div class="flood">…</div>
  ▼<div class="followInfo">
      <span class="starIcon"></span>
      "517人关注 / 共34次带看 / 4个月以前发布"
   </div>
  ▶<div class="tag">…</div>
  ▼<div class="priceInfo">
    ▼<div class="totalPrice">
        <span>81</span>
        "万"
     </div>
    ▶<div class="unitPrice" data-hid="102100610102" data-rid="3111058356603" data-price="8244">…</div>
   </div>
   ::after
  </div>
▶<div class="listButtonContainer">…</div>
```

图 9-2　开发者模式下的二手房基本信息

9.1.2　地址转换成经纬度

由于爬虫获取到的只有小区名称，不能精确展示到地图上，因此，需要对地址进行转
换，变成经纬度。各地图厂商均有提供地址转经纬度的接口，使用方法也大同小异，一般
都有免费使用次数，如百度地图 API，接口免费使用次数是 10000 次/天，按抓到数据的
量级，免费的次数已经够用。

下面介绍百度正地理编码服务 API 的用法，正地理编码服务提供将结构化地址数据
转换为对应坐标点(经纬度)功能，参考文档为 http://lbsyun. baidu. com/index. php?
title＝webapi/guide/webservice-geocoding。

使用方法如下：

(1) 申请百度账号。

(2) 申请成为百度开发者。

(3) 获取服务密钥(ak)。

(4) 发送请求，使用服务。

在使用时首先需要申请百度开发者平台账号及该应用的 ak，申请地址为 http://
lbsyun. baidu. com/。需要注册百度地图 API 以获取免费的 ak，才能完全使用该 API，
因为是按小区名称去调用地图 API 获取经纬度，而在全国其他城市也会有重名的小区，
所以在调用地图接口时需要指定城市，这样才会避免获取的坐标值分布在全国的情况。
接口示例如下。

```
http://api. map. baidu. com/geocoder/v2/?address＝北京市海淀区上地十街 10 号 &city＝北京
&output＝json&ak＝您的 ak&callback＝showLocation //GET 请求
```

请求参数主要包括：

（1）address，待解析的地址。最多支持 84 字节。可以输入两种样式的值，分别是：

①标准的结构化地址信息，如北京市海淀区上地十街 10 号（地址结构越完整，解析精度越高）。②支持"＊路与＊路交叉口"描述方式，如北一环路和阜阳路的交叉路口。第 2 种方式并不总是有返回结果，只有当地址库中存在该地址描述时才有返回。

（2）city，地址所在的城市名。用于指定上述地址所在的城市，当多个城市都有上述地址时，该参数起到过滤作用，但不限制坐标召回城市。

（3）ak，用户申请注册的 key，自 v2 开始参数修改为 ak，之前版本参数为 key。

（4）output，输出格式为 json 或者 xml。

返回结果参数主要包括：

（1）status，返回结果状态值，成功则返回 0，其余状态可以查看官方文档。

（2）location，经纬度坐标。lat：纬度值；lng：经度值。

学习完该 API 的基本用法，就可以着手将这个功能单独写成一个函数，在爬虫解析完、数据存储之前调用，见 9.1.3 节中的 getlocation()函数。

9.1.3 编写代码

案例代码如下所示。

```python
from bs4 import BeautifulSoup
import requests
import csv
import re
def getlocation(name):                              # 调用百度 API 查询位置
    bdurl = 'http://api.map.baidu.com/geocoder/v2/?address = '
    output = 'json'
    ak = '你的密匙'                                   # 输入刚才申请的密匙
    ak = 'VMfQrafP4qa4VFgPsbm4SwBCoigg6ESN'         # 输入刚才申请的密匙
    callback = 'showLocation'
    uri = bdurl + name + '&output = t' + output + '&ak = ' + ak + '&callback = ' + callback + '&city = 沈阳'
    print (uri)
    res = requests.get(uri)
    s = BeautifulSoup(res.text)
    lng = s.find('lng')
    lat = s.find('lat')
    if lng:
        return lng.get_text() + ',' + lat.get_text()


url = 'https://sy.lianjia.com/ershoufang/pg'
header = { 'User - Agent' : 'Mozilla/5.0 ( Windows NT 6.1; Win64; x64) AppleWebKit/537.36
(KHTML, like Gecko) Chrome/68.0.3440.106 Safari/537.36'}          # 请求头,模拟浏览器登录
page = list(range(0,101,1))
p = []
hi = []
```

```
fi = []
for i in page:                                    #循环访问链家网的网页
    response = requests.get(url + str(i), headers = header)
    soup = BeautifulSoup(response.text)
    #提取价格
    prices = soup.find_all('div', class_ = 'priceInfo')
    for price in prices:
        p.append(price.span.string)

    #提取房源信息
    hs = soup.find_all('div', class_ = 'houseInfo')
    for h in hs:
        hi.append(h.get_text())

    #提取关注度
    followInfo = soup.find_all('div', class_ = 'followInfo')
    for f in followInfo:
        fi.append(f.get_text())
    print(i)

print (p)
print (hi)
print (fi)
# houses = []                                    #定义列表用于存放房子的信息
n = 0
num = len(p)

file = open('syfj.csv', 'w', newline = '')
headers = ['name', 'loc', 'style', 'size', 'price', 'foc']
writers = csv.DictWriter(file, headers)
writers.writeheader()
while n < num:                                    #循环将信息存放进列表
    h0 = hi[n].split('|')
    name = h0[0]
    loc = getlocation(name)
    style = re.findall(r'\s\d.\d.\s', hi[n])      #用到了正则表达式提取户型
    if style:
        style = style[0]
    size = re.findall(r'\s\d + \.?\d + ', hi[n])  #用到了正则表达式提取房子面积
    if size:
        size = size[0]
    price = p[n]
    foc = re.findall(r'^SymbolYCp\d + ', fi[n])[0] # #用到了正则表达式提取房子的关注度
    house = {
        'name': '',
        'loc': '',
        'style': '',
        'size': '',
        'price': '',
        'foc': ''
    }
```

```
＃将房子的信息放进一个 dict 中
house['name'] = name
house['loc'] = loc
house['style'] = style
house['size'] = size
house['price'] = price
house['foc'] = foc
try:
    writers.writerow(house) ＃将 dict 写入 CSV 文件中
except Exception as e:
    print (e)
    ＃ continue
n += 1
print(n)
file.close()
```

在这个案例中，Requests 模块用的是最基本的 requests.get()函数，构造一个基本的 HTTP get 请求。

9.1.4　数据下载结果

由于链家网限制未登录用户查看的页数为 100 页，因此将爬虫中页数限制为 100，运行脚本，如果触发了目标网站的反爬机制，可以尝试将时间间隔设置长一点，待爬取完成之后，在项目文件夹下看到输出文件 syfj.csv，部分样例见图 9-3。

	A	B	C	D	E	F
1	name	loc	style	size	price	foc
2	御泉华庭	123.469293676, 41.8217831815	4室2厅	188	235	131
3	雍熙金园	123.514657521, 41.7559905968	3室1厅	114.45	105	37
4	金地檀溪		3室2厅	123.97	168	76
5	格林生活坊一期	123.399860338, 41.7523981056	3室2厅	136.56	212	4
6	格林生活坊三期	123.403824342, 41.7530579154	3室2厅	119.94	208	12
7	沿海赛洛城	123.466932152, 41.7359842248	1室0厅	53.73	44.5	170
8	河畔花园	123.44647624, 41.7626893176	2室2厅	119.46	95	92
9	格林英郡	123.398062037, 41.7313954715	2室2厅	72.8	76	63
10	锦绣江南	123.467625065, 41.7721605513	2室1厅	74	58	108
11	越秀星汇蓝海	123.392916381, 41.7443826647	2室1厅	78.49	123	5
12	沿海赛洛城	123.466932152, 41.7359842248	1室1厅	65.29	61.5	55
13	万科鹿特丹	123.40598605, 41.735764965	2室2厅	91.99	148	14
14	第一城F组团	123.353059079, 41.8133700476	1室1厅	54.85	60	17
15	金地国际花园	123.492244161, 41.7499846845	2室1厅	97.43	115	318
16	阳光尚城4.1期	123.404506578, 41.8694649859	2室2厅	98.26	81	166
17	第一城A组团	123.353059079, 41.8133700476	3室1厅	98.59	94	97
18	格林生活坊三期	123.403824342, 41.7530579154	3室2厅	109.67	178	4
19	万科城二期	123.398145174, 41.7557053445	3室2厅	127.25	190	8
20	新世界花园朗怡居	123.427037331, 41.7630801404	4室2厅	160.26	260	20
21	SR国际新城	123.45887231, 41.738396671	2室1厅	91.08	83	23
22	锦绣江南	123.467625065, 41.7721605513	4室3厅	162.46	105	63
23	首创国际城	123.45412981, 41.7393217732	4室2厅	186.22	200	5
24	第五大道花园	123.469323482, 41.7747212688	3室2厅	134.86	140	22
25	华茂中心	123.470507089, 41.6942226532	1室1厅	42.6	42.5	11

图 9-3　链家爬虫的输出

9.2 绘制热力图

数据可视化是对于大数据渲染的一个形象表达形式。本章使用 ECharts，以房源关注度为维度，绘制热力图。百度地图制作热力图的官方文档 URL 为 http://developer. baidu. com/map/jsdemo. htm♯c1_15％E3％80％82。

通过介绍，可以发现，热力图点的数据部分为：

```
var points = [
    {"lng": 123.469293676, "lat": 41.8217831815, "count": 131},
    {"lng": 123.514657521, "lat": 41.7559905968, "count": 37},
    ...
]
```

所以要将存储在 CSV 中的数据输出成这样的格式，代码如下所示（将二手房的关注度作为 count 的值）。

```
import csv

reader = csv.reader(open('syfj.csv'))
for row in reader:
    loc = row[1]
    sloc = loc.split(',')
    lng = ''
    lat = ''
    if len(sloc) == 2:♯第一行是列名需要做判断
        lng = sloc[0]
        lat = sloc[1]
        count = row[5]
        out = '{\"lng\":' + lng + ',\"lat\":' + lat + ',\"count\":' + count + '},'
        print(out)
```

这几行代码将爬虫输出的 CSV 文件中的地理坐标，格式化成了热力图需要的数据格式，输出位置在 console 中，运行完成之后替换 HTML 中的 points 值。

运行之后，在编译器中会输出格式化好的经纬度信息，如图 9-4 所示。

CSV 文件格式是一种通用的电子表格和数据库导入导出格式。Python 的 CSV 模块可以满足大部分 CSV 相关操作。下面总结 CSV 的基本操作步骤。

1. 写入 CSV 文件

```
import csv
csvfile = open("test.csv", 'w')
csvwrite = csv.writer(csvfile)
fileHeader = ["id", "score"]
d1 = ["1", "100"]
d2 = ["2", "99"]
csvwrite.writerow(fileHeader)
csvwrite.writerow(d1)
```

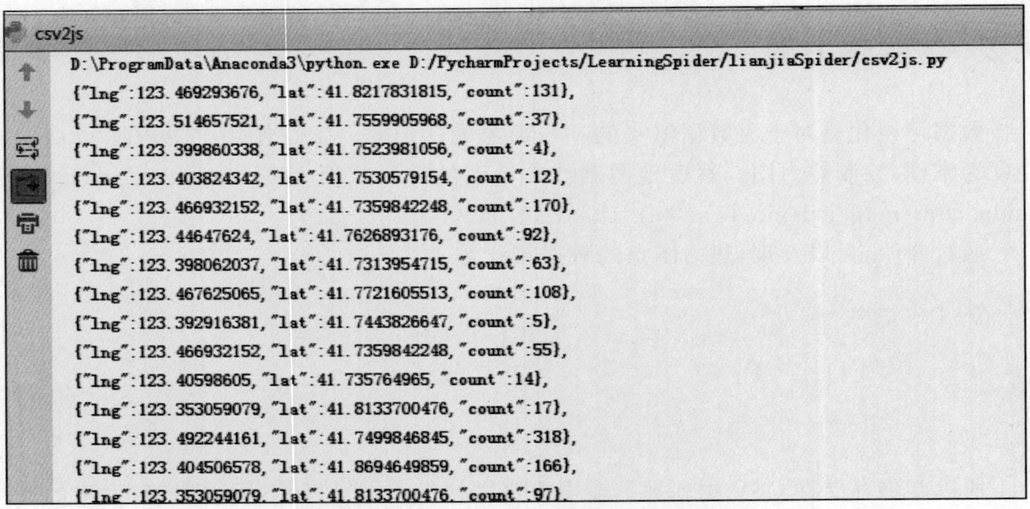

图 9-4　CSV 文件读取地理坐标并格式化的输出结果

```
csvwrite.writerow(d1)
csvfile.close()
```

2. 续写 CSV 文件

```
import csv
add_info = ["3", "98"]
csvFile = open("test.csv", "a")
writer = csv.writer(csvFile)
writer.writerow(add_info)
csvFile.close()
```

3. 字典读入

```
import csv
data = open("test.csv",'r')
dict_reader = csv.DictReader(data)
for i in dict_reader:
    print (i)
#>>> {'score': '100', 'id': '1'}
#>>> {'score': '99', 'id': '2'}
```

4. 读某一列

```
import csv
data = open("test.csv",'r')
dict_reader = csv.DictReader(data)
col_score = [row['score'] for row in dict_reader]
```

【提示】　除了 CSV 模块，Pandas 也可以读写 CSV 文件，第三方 Pandas 也是 Python 数据处理中经常用到的模块，功能很强大，内容很丰富，请读者自行查阅相关文档

https://pandas.pydata.org/。

在格式化地理坐标之后，新建一个 HTML 文件，将百度 API 中的示例代码复制进去，将 var points 中的点值换成刚才输出的值。最后，由于百度地图 JavaScript API 热力图默认的是以北京为中心的地图，而数据是沈阳的，所以这里还需要对热力图中"设置中心点坐标和地图级别"的部分进行修改。修改 BMap.Point 中的值为沈阳市中心的值，修改级别为 12。代码如下。

```
var map = new BMap.Map("container");            // 创建地图实例

var point = new BMap.Point(123.48, 41.8);
map.centerAndZoom(point, 12);                   // 初始化地图,设置中心点坐标和地图级别
map.setCurrentCity("沈阳");                      //设置当前显示城市
map.enableScrollWheelZoom();                    // 允许滚轮缩放
```

完整的 HTML 代码如下所示，其中的 ak 为在 9.1.2 节申请的 key，坐标点数值显示 3 条。

```
<!DOCTYPE html>
<html lang="en">
<head>
    <!DOCTYPE html>
    <html>
    <head>
        <meta http-equiv="Content-Type" content="text/html; charset=utf-8"/>
        <meta name="viewport" content="initial-scale=1.0, user-scalable=no"/>
        <!-- <script type="text/javascript" src="http://api.map.baidu.com/api?v=
2.0&ak=这里是自己的ak码"></script> -->
        <script type="text/javascript"
                src="http://api.map.baidu.com/api?v=2.0&ak=A5ea0e9c8ffa101d232686-
0328b6a5dd"></script>
        <script type="text/javascript" src="http://api.map.baidu.com/library/Heatmap/
2.0/src/Heatmap_min.js"></script>
        <title>热力图功能示例</title>
        <style type="text/css">
            ul, li {
                list-style: none;
                margin: 0;
                padding: 0;
                float: left;
            }

            html {
                height: 100%
            }

            body {
                height: 100%;
                margin: 0px;
                padding: 0px;
```

```
                    font - family: "微软雅黑";
                }

                #container {
                    height: 100 % ;
                    width: 100 % ;
                }

                #r - result {
                    width: 100 % ;
                }
            </style>
        </head>
<body>
<div id = "container"></div>
<div id = "r - result" style = "display:none">
        <input type = "button" onclick = "openHeatmap();" value = "显示热力图"/>
        <input type = "button" onclick = "closeHeatmap();" value = "关闭热力图"/>
</div>
</body>
</html>
<script type = "text/javascript">
        var map = new BMap.Map("container");          // 创建地图实例

        var point = new BMap.Point(123.48, 41.8);
        map.centerAndZoom(point, 12);                 //初始化地图,设置中心点坐标和地图级别
        map.setCurrentCity("沈阳");                    //设置当前显示城市
        map.enableScrollWheelZoom();                  //允许滚轮缩放


        var points = [
            {"lng": 123.469293676, "lat": 41.8217831815, "count": 131},
            {"lng": 123.514657521, "lat": 41.7559905968, "count": 37},
            {"lng": 123.399860338, "lat": 41.7523981056, "count": 4},
        ];                                            //这里面添加经纬度


        if (!isSupportCanvas()) {
            alert('热力图目前只支持有 canvas 支持的浏览器,您所使用的浏览器不能使用热力图
功能~')
        }
        //详细的参数,可以查看 heatmap.js 的文档 https://github.com/pa7/heatmap.js/blob/
        //master/README.md
        //参数说明如下
        / * visible 热力图是否显示,默认为 true
         * opacity 热力的透明度,1 - 100
         * radius 势力图的每个点的半径大小
         * gradient {JSON} 热力图的渐变区间 . gradient 如下所示
         * {
        .2:'rgb(0, 255, 255)',
        .5:'rgb(0, 110, 255)',
        .8:'rgb(100, 0, 255)'
```

```
    }
    其中 key 表示插值的位置，0～1
    value 为颜色值
    */
    heatmapOverlay = new BMapLib.HeatmapOverlay({"radius": 30, "visible": true});
    map.addOverlay(heatmapOverlay);
    heatmapOverlay.setDataSet({data: points, max: 100});

    //closeHeatmap();


    //判断浏览区是否支持 canvas
    function isSupportCanvas() {
        var elem = document.createElement('canvas');
        return !!(elem.getContext && elem.getContext('2d'));
    }

    function setGradient() {
        /* 格式如下
         {
         0:'rgb(102, 255, 0)',
         .5:'rgb(255, 170, 0)',
         1:'rgb(255, 0, 0)'
         } */
        var gradient = {};
        var colors = document.querySelectorAll("input[type = 'color']");
        colors = [].slice.call(colors, 0);
        colors.forEach(function (ele) {
            gradient[ele.getAttribute("data-key")] = ele.value;
        });
        heatmapOverlay.setOptions({"gradient": gradient});
    }

    function openHeatmap() {
        heatmapOverlay.show();
    }

    function closeHeatmap() {
        heatmapOverlay.hide();
    }
</script>
</body>
</html>
```

最后，用浏览器打开该 HTML 文件，可以看到热力图效果。

第**10**章

案例：使用Spark实现数据统计分析及性能优化

10.1　背景

大数据、云计算和人工智能等快速发展的新一代信息通信技术加速与交通、医疗、教育等领域深度融合，让流行病防控的组织和执行更加高效。

随着流行病发展，数据驱动的流行病防控迅速展开，各企业的流行病防控应用场景不断涌现，应用范围持续拓展。利用全面、有效、及时的数据和可视化技术准确感知流行病态势，不仅可以看作普通民众的一剂强心针，还能为管理人员和决策者提供宏观数据依据，更为直观地了解全局信息，有效节省决策时间。

基于以上背景，本章实现了流行病大数据的分析处理，搭建了交互式的展示界面并优化了 Spark 的读取和查询等操作，提高了系统的运行效率。

10.2　系统架构

10.2.1　总体方案

本案例完成的是一个基于大数据分析的可视化系统，不是一个简单的没有界面的分布式文件系统，由于系统包含前后端和通信等较为复杂的部分，因此需要针对系统进行自底向上的架构设计。

图 10-1 显示了系统总体方案，整体结构分为四个模块：最底层是基础设施；倒数第二层是系统底层，包括 Ubuntu 和 HDFS 等；再上层是提供服务的核心组件；最上层是系统支持的主要业务。对于前后端的通信架构，采用 Flask 处理前后端请求。下面将分别阐述每一层的详细设计。

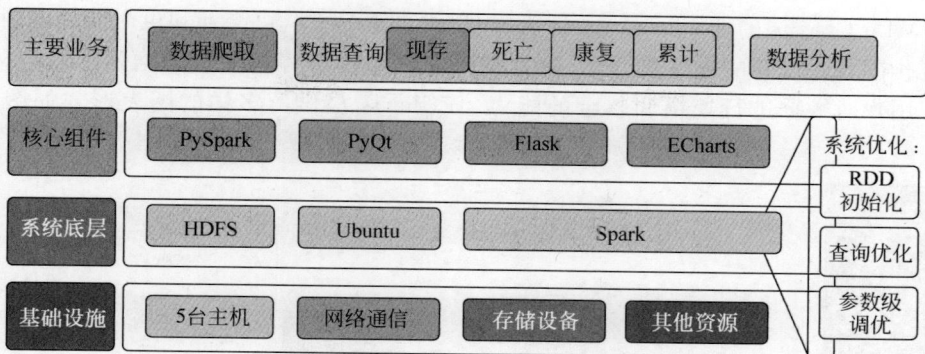

图 10-1　系统总体方案

10.2.2　详细设计

1. 基础设施

图 10-2 是最底层的基础设施，直接采用五台主机。五台主机提供了网络通信资源、存储设备和计算资源等，它们互联互通，形成了整个大数据分析系统的基础硬件设备。

2. 系统底层

五台主机上运行的是 Ubuntu 5.4.0-6ubuntu1~16.04.12，作为操作系统平台。

在其上已经搭建好了 HDFS 和 Spark。Hadoop 分布式文件系统（HDFS）指被设计成适合运行在通用硬件（Commodity Hardware）上的分布式文件系统（Distributed File System），和现有的分布式文件系统有很多共同点。但同时，它和其他的分布式文件系统的区别也是很明显的。HDFS 是一个具有高度容错性的系统，适合部署在廉价的机器上。HDFS 能提供高吞吐量的数据访问，非常适合大规模数据集上的应用。

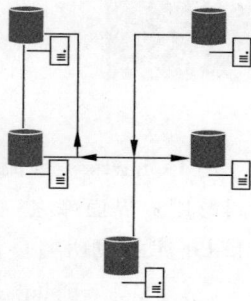

图 10-2　基础设施图

Spark 则是一种与 Hadoop 相似的开源集群计算环境，但是两者之间还存在一些不同之处，这些有用的不同之处使 Spark 在某些工作负载方面表现得更加优越。换句话说，Spark 启用了内存分布数据集，除了能够提供交互式查询外，它还可以优化迭代工作负载。因此系统使用的是基于 Spark 的内存计算，在数据读取和内存计算方面有着显著的优势。

3. 核心组件

核心组件主要有四个，分别支持了不同层面的需求。在后端的数据存取和计算中，使用 PySpark；在前端可视化展示中，使用 ECharts 和 PyQt；在前后端数据的通信中，使用 Flask，具体如下。

（1）PySpark：Spark 是用 Scala 编程语言编写的。为了用 Spark 支持 Python，Apache Spark 社区发布了 PySpark 工具。在 PySpark 中可以使用 Python 编程语言中的 RDD。正是由于一个名为 Py4j 的库，它们才能实现这一目标。考虑到后端接口用的是 Flask 进行处理，用 PySpark 能够更好地与 Python 环境兼容。

（2）ECharts 和 PyQt：ECharts 开源来自百度商业前端数据可视化团队，是一个基于 HTML5 Canvas 的纯 JavaScript 图表库,提供直观、生动、可交互和可个性化定制的数据可视化图表。创新的拖曳重计算、数据视图和值域漫游等特性大大增强了用户体验,赋予了用户对数据进行挖掘和整合的能力。ECharts 提供的多样的图表形式如图 10-3 所示。

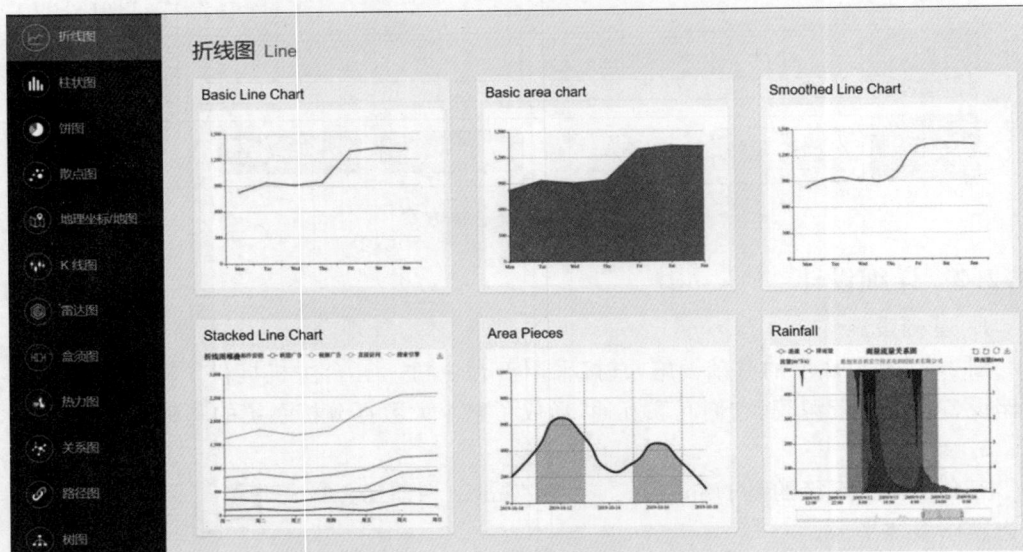

图 10-3　ECharts 功能示意图

用 ECharts 实现流行病发展态势的区域地图和折线图的绘制。Qt 库是目前最强大的图形用户界面库之一。PyQt 是 Python 语言的一个 GUI 程序包,也是 Python 编程语言和 Qt 库的成功融合,为开发人员提供了良好的可视化界面。

(3) Flask:Flask 是一个轻量级的可定制框架,使用 Python 语言编写,较其他同类型框架更为灵活、轻便、安全且容易上手。它可以很好地结合 MVC 模式进行开发,开发人员分工合作,小型团队在短时间内就可以完成功能丰富的中小型网站或 Web 服务的实现。另外,Flask 还有很强的定制性,用户可以根据自己的需求添加相应的功能。在保持核心功能简单的同时实现功能的丰富与扩展,其强大的插件库可以让用户实现个性化的网站定制,开发出功能强大的网站。主要利用 Flask 简单易部署的框架实现前后端的通信功能。

4. 主要业务

主要业务包括对现存感染、已经死亡、累计感染和已经康复人数的查询功能,在这些基础查询任务之上,对数据进行可视化分析,包括某一地区感染人数的地图可视化分析以及单个地区相关数据的变化趋势。

10.2.3　优化设计

系统的优化设计也是系统架构的一个方面,进行了以下三个层面的优化。

(1) Spark 系统的资源参数级别的优化,包括设置执行 Spark 作业需要的 Executor

进程数量、每个 Executor 进程的内存和 CPU 内核数量等。

（2）RDD 初始化策略方面的优化，加快了 RDD 从内存到计算的过程。

（3）数据库操作方面的优化，包括数据库基本操作没影和连接等。

10.3 具体实现

10.3.1 数据获取

1. 数据构成分析

本案例使用模拟疾病数据进行可视化展示，数据格式仿照了世界卫生组织发布的流行病数据的格式，主要来自著名的 worldmeters.com 和其他重要的网站。

采用爬虫从模拟的数据发布 API 中爬取了 2020 年 1—5 月的确诊、死亡和康复的时序数据，分别存储在 CVS 格式的文件中，并上传至 Hadoop 系统分布式存储。

表 10-1 反映了具体的数据规模，可以看出确诊信息、死亡信息和恢复信息都在 3 万条以上，保证了处理数据的规模。

表 10-1 数据规模

数据集	确诊信息	死亡信息	恢复信息
记录规模/条	41656	41656	40109

表 10-2 反映了每一条数据字段的格式，其中每一条数据包含 10 个字段，对应不同的含义，包含了大量的信息。第一个字段 Province/State 指对应的州或省；第二个字段 Country/Region 指对应的国家或者地区；第三个字段 Lat 指该地区的纬度信息；第四个字段 Long 指该地区的经度信息，它与 Lat 共同定位了该地区的 GPS 位置；第五个字段 Date 指本条数据获取的日期，在本数据集中截止到 2020 年 5 月 19 日；第六个字段 Value 指本条数据对应的人数，在不同的文件中有不同的含义，例如在 confirmed.csv 中就是指确诊人数；第七个字段 ISO 3166-1 Alpha 3-Codes 对应的是国家的代码，在实际的编程中使用国家代码比使用实际名字更方便一些；第八个字段 Region Code 指州或省的代码；第九个字段 Sub-region Code 指子地区的代码；第十个字段 Intermediate Region Code 指中立区代码，对应了世界上的一些特殊地区。

表 10-2 数据字段的格式

字 段	形 式	含 义	例 子
Province/State	#adml+name	州/省	
Country/Region	#country+name	国家/地区	Afghanistan
Lat	#geo+lat	纬度	33
Long	#geo+lon	经度	65
Date	#date	日期	2020-05-19
Value	#num	人数	178
ISO 3166-1 Alpha 3-Codes	#country+code	国家代码	AFG
Region Code	#region+main+code	地区代码	142

续表

字　段	形　式	含　义	例　子
Sub-region Code	#region+sub+code	子地区代码	34
Intermediate Region Code	#region+intermediate code	中立区代码	

2. 相关代码

代码主要利用 Python 的 Socket 接口实现了数据的爬取，由于只是进行初步实验，并没有爬取数据库的全部数据，因此读者可直接使用压缩包中的 CSV 数据进行实验。

10.3.2　数据可视化

1. 可视化功能

为了进行更细节的数据展示，制作了一个展示 Demo。本节将从 UI 设计、功能实现和具体效果依次讲解 Demo 的实现和数据分析的可视化。

Demo 有两个功能，一个功能是展示世界上各个地区的各项信息数据，具体包括确诊、死亡、康复和现存确诊数据。其中现存确诊数据并不是从数据库中直接读取，而是通过式(10-1)计算得到：

$$N_{active} = N_{confirmed} - N_{death} - N_{recover} \tag{10-1}$$

另一个功能是展示某个地区的疫情信息随时间的变化情况，其中展示的也是上述四个数据。

Demo 的 UI 设计包括两个主要部分：功能区和展示区。功能区包括两个功能控件：选择地区的下拉选择列表和选择时间的日期输入控件。当用户使用日期选择控件时，确认了一个日期之后，展示区将会展示对应日期世界上各个地区的各项数据。展示区 1 展示的是现存确诊人数，展示区 2 展示的是累计死亡人数，展示区 3 展示的是累计康复人数，展示区 4 展示的是累计确诊人数。日期选择控件在时间范围上做了限定，用户只能选择 2020 年 1 月 19 日到 2020 年 5 月 18 日的日期，以保证 Demo 能从后台得到需要的展示数据。当用户选择日期时，地区选择控件的信息是无用的，因为后台返回的信息是当天世界上所有的地区的数据。功能 1 示意图参见随书资源。

对应的展示区并不是一张图，而是一个 HTML 格式的 ECharts 表，可以放大、缩小、拖动和选中展示更详细的信息。

Demo 的第二个功能是展示某个地区的各项数据随着时间变化的趋势。功能 2 示意图参见随书资源。

2. 功能实现

整体的代码框架使用 PyQt 5，它是 Python 的 GUI 编程的主要解决方案之一。PyQt 包含大约 440 个类型、超过 6000 个的函数和方法。本 Demo 主要使用 QtCore 和 QtWebKit。QtCore 模块主要包含一些非 GUI 的基础功能，如事件循环与 Qt 的信号机制。此外，还提供了跨平台的 Unicode、线程、内存映射文件、共享内存、正则表达式和用户设置。QtWebKit 与 QtScript 两个子模块支持 WebKit 与 EMCAScript 脚本语言。界面布局上采用的是网格布局，总体布局是 2×1 的网格，分别放置展示区和功能区。在展示区内部是一个 2×2 的网格，分别对应了现存确诊、累计死亡、累计康复和累计确诊四项展示内容。在功能区内部是一个 4×1 的网格,分别对应了选择地区指示标签、地区选择控件、选择日期指示标签和日期选择控件。

展示区使用的控件为 QWebEngineView(),Web 视图是 QWebEngineView()浏览模块的主要 Widget 组件。它可以被用于各种应用程序以实时显示来自 Internet 的 Web 内容。地区选择列表使用的控件是 QComboBox(),它是一个集按钮和下拉选项于一体的控件,也称作下拉列表框。日期选择空间使用的控件是 QDateTimeEdit(),它提供了一个用于编辑日期和时间的小部件,允许用户通过使用键盘上的箭头键增加或减少日期和时间值编辑日期。箭头键可用于在 QDateTimeEdit 框中的一个区域移动。

通信过程使用的是 Flask 通信模块,Flask 是一个使用 Python 编写的轻量级 Web 应用框架。它使用简单的核心,用 extension 增加其他功能。Flask 没有默认使用的数据库和窗体验证工具。然而,Flask 保留了扩增的弹性,可以用 Flask-extension 页面存档备份以及实现如下的多种功能:ORM、窗体验证工具、文件上传和各种开放式身份验证技术。

具体地,本节创立了两个用于通信的 URL 接口,分别用于获取功能 1 和功能 2 的数据。首先,用户通过两个功能控件选择自己的操作,控件会读取当前的值,将这个值作为一个查询的 key 通过上述的 URL 向后端发送数据请求。其次,后端接收到请求之后,会使用 Spark 处理数据集,整理成一个字典后用 JSON 的格式通过 Flask 传输到用户界面,用户经过解码后就可以得到对应的数据。最后,Demo 通过绘图产生 HTML 文件并在展示区展示。

获得对应数据后,前端调用画图模块生成对应的 HTML 文件。本 Demo 使用 ECharts 绘图,ECharts 是一个使用 JavaScript 实现的开源可视化库,涵盖各行业图表,满足各种需求。ECharts 遵循 Apache-2.0 开源协议,免费商用。ECharts 兼容目前绝大部分浏览器(IE8/9/10/11、Chrome、Firefox 和 Safari 等)及多种设备,可随时随地任性展示。它提供了丰富的可视化类型、无需转换直接使用的多种数据格式和千万数据的前端展现。

前端代码位于 code/UI/ 目录下,前端代码不过多赘述,读者可以自行查看。

3. 具体效果

部分 UI 效果展示参见随书资源,当用户选择的时间不同时,展示区体现出不同的颜色深度,表示了数据量变化的一个趋势。

10.4　性能优化

10.4.1　读取优化

1. 原理分析

由于系统涉及对三个分布式存储的数据表的频繁操作,因此每次进行数据的读取会涉及频繁的磁盘 I/O 操作和额外的网络传输开销,而在 Spark 中,数据的读取速度往往比数据的计算慢得多,因此实现系统性能优化的关键步骤之一在于数据读取过程的优化。

采取的优化方式遵循了从同一个数据源尽量只创建一个 RDD 的设计准则,使得后续的不同业务逻辑可以多次重复使用 RDD,避免因数据的重复读写而增加系统的时间开销。

考虑到实际的业务特点,读取数据表并创建三个 RDD 后涉及多次的 RDD 操作,Spark 根据持久化策略,将 RDD 中的数据保存到内存或者磁盘中,并在后续对这几个 RDD 进行算子操作时,直接从内存或磁盘中提取持久化的 RDD 数据。在 Spark 中,对数据的操作需要遵循以下准则:如果需要对某个 RDD 进行多次不同的 Transformation 和 Action 操作以应用于不同的业务分析需求,可以考虑对该 RDD 进行持久化操作,以避免 Action 操作触发作业时多次重复计算该 RDD。数据读取逻辑如图 10-4 所示。

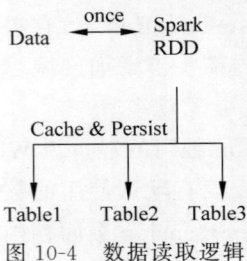

图 10-4 数据读取逻辑

对此,对不同读取策略进行了定量的比较,比较结果如表 10-3 所示。分别比较了多次创建 RDD、只创建一次 RDD、创建一次 RDD 并持久化进行连续三次的查询操作的耗时情况。在初始化时间方面,只创建一次 RDD 相比于多次重复创建来说节省了大量的初始化时间,尤其是在第二次查询和第三次查询上省去了较多的初始化时间开销;在查询时间方面,进行 RDD 持久化操作能够极大地提高系统的查询性能,相比于原先数十秒的查询时间,进行 RDD 持久化操作后的查询时间缩短到了 2s 多,速度提升超过 8 倍。

表 10-3 读取实验结果

读取策略	第一次查询		第二次查询		第三次查询	
	初始化时间/s	查询时间/s	初始化时间/s	查询时间/s	初始化时间/s	查询时间/s
多次创建 RDD	37.080	7.129	13.006	8.758	7.862	5.699
只创建一次 RDD	37.549	16.509	—	18.452	—	12.661
创建一次 RDD 并持久化	34.845	13.992	—	**2.746**	—	**2.760**

2. 代码实现

通过以下代码可以看出,对 RDD 进行一次创建并且持久化,可以提高查询效率。

```
1   confirm = spark.read.format(self._csv_file_type) \
2           .option("inferSchema", infer_schema).option("header", first_row_is_header) \
3           .option("sep", delimiter).load(self._confirmed_cases_csv)
4
5   death = spark.read.format(self._csv_file_type) \
6           .option("inferSchema", infer_schema) \
7           .option("header", first_row_is_header) \
8           .option("sep", delimiter).load(self._deaths_cases_csv)
9
10  recover = spark.read.format(self._csv_file_type) \
11          .option("inferSchema", infer_schema) \
12          .option("header", first_row_is_header) \
13          .option("sep", delimiter).load(self._recovered_cases_csv)
14
```

```
15  confirm.cache()
16  death.cache()
17  recover.cache()
18  confirm.persist()
19  death.persist()
20  recover.persist()
```

10.4.2 查询优化

1. 原理分析

对于数据查询有这样的先验知识，即对于多个数据表的查询，往往会涉及对表的连接和过滤操作，因此，为了进一步提高系统的运行效率，减小系统的运行开销，往往会避免过早地使用连接操作，而优先选择尽快使用过滤操作去除不必要的数据。尽管先进行连接操作后进行过滤操作与先进行过滤操作后进行连接操作最终得到的数据查询结果相同，但在系统实现时，过早的连接操作会造成大量的数据冗余，不利于系统的高效运行，原理如图 10-5 所示。

另一方面，由于数据过滤后会得到多个小文件，因此系统并行度会对系统的性能造成很大的影响。例如在一次查询中系统给任务分配了 1000 个 core，但是一个 Stage 中只有 30 个 Task，此时可以提高并行度以提升硬件的利月率。当并行度太大时，Task 通常只需要几微秒就能执行完成，或者 Task 读写的数据量很小，这种情况下，Task 频繁进行开辟与销毁而产生的不必要开销太大，则需要减小并行度。对于本系统中的业务场景，则属于过滤后 Task 的数据量很小这一情况，可以通过 coalesce 操作人为地减小过滤后的并行度，使得资源的利用率尽可能地提高，原理如图 10-6 所示。

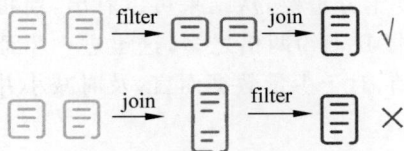

图 10-5 表的连接和过滤操作   图 10-6 表的 coalesce 操作

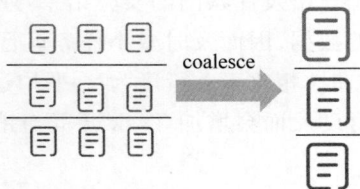

为了验证本场景中减小并行度的必要性，设置了在不同并行度下的查询实验，多次对比了两个查询任务在不同并行度下的耗时，并统计了任务的平均值，其结果如表 10-4 所示。

表 10-4 查询实验结果

并行度	第一次		第二次		第三次		平均值	
	任务 1 时间/s	任务 2 时间/s	任务 1 时间/s	任务 2 时间/s	任务 1 时间/s	任务 2 时间/s	任务 1 时间/s	任务 2 时间/s
8	23.569	24.476	20.198	23.805	21.716	21.395	21.827	23.225
7	19.472	18.135	21.381	20.588	19.863	17.105	20.238	18.609

续表

并行度	第一次		第二次		第三次		平均值	
	任务1 时间/s	任务2 时间/s	任务1 时间/s	任务2 时间/s	任务1 时间/s	任务2 时间/s	任务1 时间/s	任务2 时间/s
6	18.490	17.708	22.363	21.611	25.303	17.481	22.502	18.933
5	15.281	19.205	18.042	18.012	20.629	17.339	17.984	18.185
4	15.665	22.142	20.147	18.406	18.263	15.437	18.025	18.661
3	18.181	21.775	21.262	17.968	16.004	17.575	18.482	19.106
2	22.375	18.779	16.608	20.482	16.341	18.341	18.441	19.200
1	15.576	19.205	10.594	14.572	13.238	16.663	13.136	16.813

　　为了更加直观地体现并行度对系统性能的影响,将实验的结果以柱状图的形式显示,折线图则表示三次实验的平均值的结果,两个任务的耗时柱状图如图10-7所示。

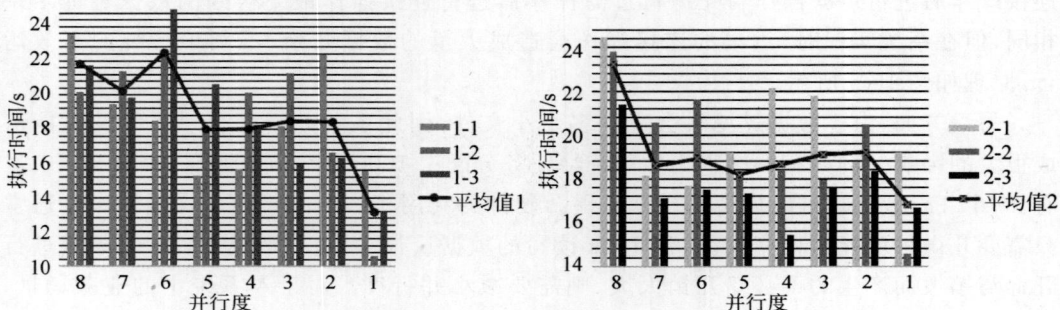

图 10-7　查询实验结果(见彩图)

　　根据表格及柱状图的实验结果,业务场景在对数据进行过滤后只剩下很少一部分需要处理的数据,因而及时减小任务运行的并行度十分重要,从结果可以看出,当将并行度减小为1时,相比于并行度为8,平均运行效率提升了约两倍之多,这也进一步证实了过高的并行度反而会增加 Task 开辟与销毁的开销,对于少量数据而言,及时减小并行度十分重要。

2. 代码实现

以下代码展示了先过滤再连接的操作,能够提升数据查询的效率。

```
1  confirmed = self._confirm.select("Country/Region",
   col("Value").alias("confirmed")) \
2      .filter("Date = '%s'" % date).coalesce(self._coal) \
3      .groupBy("Country/Region").agg(sum("confirmed").alias("confirmed"))
4
5  recovered = self._recover.select("Country/Region",
   col("Value").alias("recovered")) \
6      .filter("Date = '%s'" % date).coalesce(self._coal) \
7      .groupBy("Country/Region").agg(sum("recovered").alias("recovered"))
8
9  deaths = self._death.select("Country/Region", col("Value").alias("deaths")) \
10     .filter("Date = '%s'" % date).coalesce(self._coal) \
```

```
11        .groupBy("Country/Region").agg(sum("deaths").alias("deaths"))
12
13  df = confirmed.join(recovered, "Country/Region", "outer") \
14        .join(deaths, "Country/Region", "outer")
```

10.4.3　Spark 参数级优化

1. 原理分析

Spark 资源参数调优主要是对 Spark 运行过程中各个使用资源的地方，通过调节各种参数优化资源使用的效率，从而提升 Spark 作业的执行性能。

在我们的项目中，着重关注了几个参数：spark. driver. memory 表示设置 Driver 的内存大小；spark. num. executors 表示设置 Executors 的个数；spark. executor. memory 表示设置每个 spark_executor_cores 的内存大小；spark. executor. cores 表示设置每个 Executor 的 cores 数目；spark. executor. memory. over. head 表示 Executor 额外预留一部分内存；spark. sql. shuffle. partitions 表示设置 Executor 的 Partitions 个数。参数设置如图 10-8 所示。

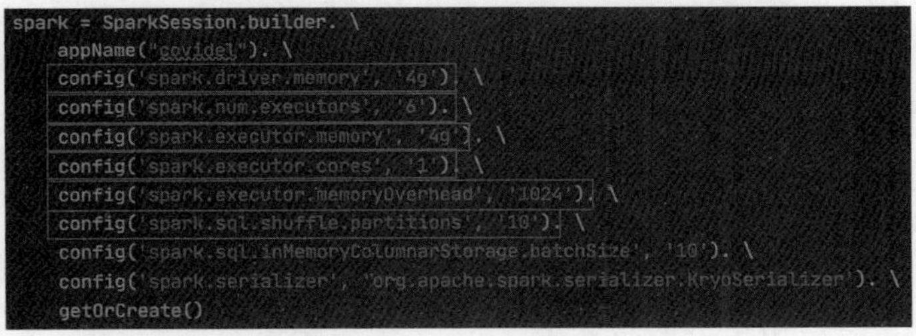

```
spark = SparkSession.builder. \
    appName("covidel"). \
    config('spark.driver.memory', '4g'). \
    config('spark.num.executors', '6'). \
    config('spark.executor.memory', '4g'). \
    config('spark.executor.cores', '1'). \
    config('spark.executor.memoryOverhead', '1024'). \
    config('spark.sql.shuffle.partitions', '10'). \
    config('spark.sql.inMemoryColumnarStorage.batchSize', '10'). \
    config('spark.serializer', 'org.apache.spark.serializer.KryoSerializer'). \
    getOrCreate()
```

图 10-8　参数设置

以上参数就是 Spark 中主要的资源参数，每个参数都对应作业运行原理中的某个部分，同时将各个参数的不同取值对系统性能的影响进行对比。并以系统的默认参数作为 Baseline，每次改变其中的一个参数的取值，测试结果如表 10-5 所示。

表 10-5　不同参数对系统性能的影响

参数取值	值 1	值 2	值 3
memory＝1g,2g,4g	37. 398＋26. 308	37. 923＋26. 770	37. 628＋26. 096
excutors＝1,2,4	37. 730＋26. 389	37 845＋25. 975	38. 098＋26. 612
excutor. memory＝1,2,4g	47. 806＋25. 901	36. 055＋16. 475	33. 887＋11. 889
excutor. core＝1,2,4	34. 862＋24. 959	35. 279＋18. 351	31. 741＋13. 758
over. head＝1024,2048,4096	37. 274＋25. 193	37. 095＋25. 872	37. 872＋25. 661
Partitions＝1,5,10	37. 78＋20. 815	37. 686＋16. 868	37. 677＋22. 202
Spark 默认值	—	39. 772＋28. 164	—

如表 10-5 所示，不同的参数取值会对系统的性能产生显著的影响，特别是 spark. executor. memory、spark. executor. cores、spark. sql. shuffle. partitions 三项指标对系统的性能有很重要的影响。相比于默认值，不同的参数取值能为系统的性能带来提高，其中在参数设定时需要综合权衡系统的资源情况和性能需求，同时，给出了不同参数取值

的系统性能柱状图,如图 10-9 所示。

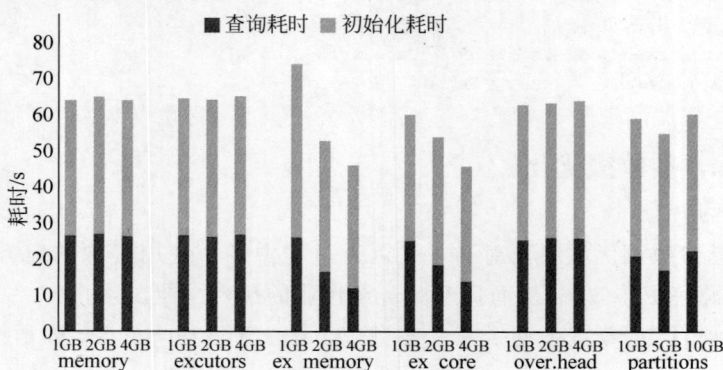

图 10-9　不同参数对系统性能的影响

可以发现,参数的选取对系统初始化的影响较小,而对数据的查询有很大的影响,为了便于理解,我们给出各个参数的相关介绍,总结如下。

1) num-executors

参数说明:该参数用于设置 Spark 作业总共要用多少个 Executor 进程执行。这个参数非常重要,如果不设置的话,默认只会启动少量的 Executor 进程,此时 Spark 作业的运行速度是非常慢的。

参数调优建议:设置太少或太多的 Executor 进程都不好。设置得太少,无法充分利用集群资源;设置的太多,大部分队列可能无法给予充分的资源。

2) executor-memory

参数说明:该参数用于设置每个 Executor 进程的内存。Executor 内存的大小很多时候直接决定了 Spark 作业的性能,而且与常见的 JVM OOM 异常也有直接的关联。

参数调优建议:每个 Executor 进程的内存设置为 4GB～8GB 较为合适。但是这只是一个参考值,具体的设置还是得根据不同部门的资源队列确定。

3) executor-cores

参数说明:该参数用于设置每个 Executor 进程的 CPU core 数量。这个参数决定了每个 Executor 进程并行执行 Task 线程的能力。因为每个 CPU core 同一时间只能执行一个 Task 线程,因此每个 Executor 进程的 CPU core 数量越多,越能够快速地执行完分配给自己的所有 Task 线程。

参数调优建议:Executor 的 CPU core 数量设置为 2～4 个较为合适。如果是跟他人共享这个队列,那么 num-executors * executor-cores 不要超过队列总 CPU core 的 1/3～1/2 左右比较合适,也是避免影响他人的作业运行。

4) driver-memory

参数说明:该参数用于设置 Driver 进程的内存。

参数调优建议:Driver 的内存通常来说不设置,或者设置为 1GB 左右应该就够了。唯一需要注意的一点是,如果需要使用 collect 算子将 RDD 的数据全部拉取到 Driver 上进行处理,那么必须确保 Driver 的内存足够大,否则会出现 OOM 内存溢出的问题。

2．代码分析

PySpark 通过在初始化 Spark 会话时对其中的参数进行设定，从而对 Spark 进行参数级的优化。具体代码如下所示。

```
1    spark = SparkSession.builder. \
2        appName("covidel"). \
3        config('spark.num.executors', '100').getOrCreate()
4
5    spark = SparkSession.builder. \
6        appName("covidel"). \
7        config('spark.driver.memory', '4g'). \
8        config('spark.num.executors', '6'). \
9        config('spark.executor.memory', '4g'). \
10       config('spark.executor.cores', '1'). \
11       config('spark.executor.memoryOverhead', '1024'). \
12       config('spark.sql.shuffle.partitions', '10'). \
13       config('spark.sql.inMemoryColumnarStorage.batchSize', '10'). \
14       config('spark.serializer', 'org.apache.spark serializer.KryoSerializer'). \
15       getOrCreate()
```

图书资源支持

感谢您一直以来对清华版图书的支持和爱护。为了配合本书的使用,本书提供配套的资源,有需求的读者请扫描下方的"书圈"微信公众号二维码,在图书专区下载,也可以拨打电话或发送电子邮件咨询。

如果您在使用本书的过程中遇到了什么问题,或者有相关图书出版计划,也请您发邮件告诉我们,以便我们更好地为您服务。

我们的联系方式:

清华大学出版社计算机与信息分社网站: https://www.shuimushuhui.com/

地　　址: 北京市海淀区双清路学研大厦 A 座 714

邮　　编: 100084

电　　话: 010-83470236　010-83470237

客服邮箱: 2301891038@qq.com

QQ: 2301891038(请写明您的单位和姓名)

资源下载: 关注公众号"书圈"下载配套资源。

资源下载、样书申请

书 圈

图书案例

清华计算机学堂

观看课程直播